TURING 图灵新知

[日] 大栗博司
Hirosi Ooguri ——— 著

尤斌斌 ——— 译

数学の言葉で

世界を見たら

-

父から娘に贈る数学

（增订版）

看世界

用数学的语言

人民邮电出版社
北　京

图书在版编目（CIP）数据

用数学的语言看世界／（日）大栗博司著；尤斌斌译. -- 2版（增订版）. -- 北京：人民邮电出版社，2023.6
（图灵新知）
ISBN 978-7-115-61442-1

Ⅰ. ①用… Ⅱ. ①大… ②尤… Ⅲ. ①数学－普及读物 Ⅳ. ①O1-49

中国国家版本馆CIP数据核字(2023)第054196号

内 容 提 要

本书为著名理论物理学家大栗博司先生写给女儿的数学启蒙书，书中以用"数学语言"解读自然为线索，突破传统数学教育的顺序和教学方式，用历史事件、生动故事以及比喻直接讲解数学核心概念的原理与相关体系，并且讲解了把数学作为一门"语言"、用数学探索自然结构的思维方式，是重新认识和理解数学的科普佳作。增订版对各章内容进行了补充与扩展，内容更为翔实。

◆ 著　　　　[日]大栗博司
　　译　　　　尤斌斌
　　责任编辑　武晓宇
　　责任印制　胡　南
◆ 人民邮电出版社出版发行　　北京市丰台区成寿寺路11号
　　邮编　100164　电子邮件　315@ptpress.com.cn
　　网址　https://www.ptpress.com.cn
　　涿州市京南印刷厂印刷
◆ 开本：880×1230　1/32
　　印张：9.625　　　　　　　2023年6月第2版
　　字数：240千字　　　　　　2023年6月河北第1次印刷
　　著作权合同登记号　图字：01-2016-1575号

定价：69.80元
读者服务热线：(010)84084456-6009　印装质量热线：(010)81055316
反盗版热线：(010)81055315
广告经营许可证：京东市监广登字20170147号

版 权 声 明

给女儿的数学赠礼

　　在你出生之时，我曾想到，希望你在这世上幸福生活的同时，也能成为社会进步的推动者。虽然现代社会问题不少，但我认为现在是人类历史上最精彩的时代。我也像每一位父母一样，希望自己的子女能够享受世界上最好的东西。不过，仅仅这样并不够，这个精彩的时代是人类用智慧和努力构建出来的。我希望你不只是成果的受惠者，也能成为创造者，为后世留下更好的成果。

　　21 世纪也可以说是一个不确定的时代，国际社会的规则在不断改变。中国约有 14 亿人，印度也约有 14 亿人。如果这些群体的大多数接受高等教育，进而从事知识研究事业，世界的面貌就会为之一新。说起这件事情，有些人担心日本和美国的发达国家地位会因此受到威胁，但我并不这么认为。如果发展中国家几十亿人获得良好的教育机会，也会随之诞生出很多解决目前社会问题的新途径。世界整体教育水平上升，能够分配的"蛋糕"才能更大。对于生于 21 世纪的你，这些情况既是挑战，也是巨大的机会。

在这个瞬息万变的世界中，自主思考的能力必不可少。欧洲有"七艺"（Liberal Arts）的教育传统，Liberal 原指"自由"，即"永不为奴"的意思。也就是说，Liberal Arts 是一种让人自主掌握命运、成为自由之人的素养。不管是成为领导者之时，还是面临预想之外的问题之时，都必须锻炼自主思考以解决问题的能力。

在古罗马时期，"七艺"为逻辑、语法、修辞、音乐、天文，还有算术和几何。最开始的三项是为了磨炼"论证"的语言技术，我认为这三项之所以排在前面，是因为它们是语言成形的必要条件。只有学会使用语言，才能获得思考的能力。

"七艺"之中的"算术"和"几何"都属于数学领域，我觉得很有趣。通常情况下，大家会认为语言领域的文学或外国语言文学属于文科，数学属于理科，但我认为数学和语言是相通的。数学可以精准地描述事物，这种描述能力超越了英语、日语等自然语言的表现能力。所以，如果理解数学，就能看到那些无形的东西，想出他人从未想到过的新创意。

我在小学阶段并不太喜欢"算术"这门课，不过进入中学后，"算术"演变成了"数学"，我也渐渐爱上了这门学科。这个转变的契机源于自主思考给我带来的快感。当我解开数学题时，答案只有一个，别无其他。当碰到在学校所学的知识无法解答的问题并且凭借自己的思考解出答案时，这种愉悦之情愈发强烈。而且我根本不需要去询问老师答案是否正确，因为自己就能独立判断。这就像婴儿迈出第一步后，新的技能拓宽了对世界的体验范围。我希望你也能体会到这种愉悦。

本书是为了让你在 21 世纪度过有意义的人生而写的。当然，要想有体系地学习数学，最好还是使用学校的教材。如果把数学当作语言，例如把数学比喻成法语，那么本书并不是从零开始一步步教语法和单词，而是一本实用的会话集。带上它，你可以去法国旅行，用法语在巴黎的餐厅点餐。甚至服务员在介绍"今日的推荐菜品"时，你能马上理解并判断是否应该点这道菜。或者当你去参观卢浮宫，接触过去那些伟大的作品时，你能够提升自己的精神境界。除了讲述数学的实践性应用外，本书还会讲述从古巴比伦、古希腊时期起数学的发展趣事。

我不是一名数学家。我在 1989 年获得了东京大学的物理学博士学位，5 年后被聘为加州大学伯克利分校的教授，自 2000 年起一直任职于加州理工学院的物理学教研室。不过在 2010 年，数学教研室的老师们邀请我兼任数学教授。最初我以"自己从来没有验证过什么有名的定理"为由予以拒绝，但是他们劝我说"验证定理不是为数学做贡献的唯一方式。您的研究为数学研究提出了新的问题，促进了数学的新发展"，于是我只好接受了他们的邀请。其实我曾经提出过多个有关数学的猜想，后来这些猜想都准确地得到了数学家们的证明。因此，我并不是一名证明定理的数学家，而是作为一名数学的使用者受到认可。本书所讲述的内容，也正是从使用者角度出发的数学知识。

我决定在个人主页中补充本书未说明的证明过程、后续话题和参考文献，从而确保出现新的发展时能够及时补充相关知识、追加新的参考文献。当然，阅读本书时并不需要借助补充知识。当阅读完本书时，如果想进一步了解相关知识，也许浏览我的个人主页是个不错的选择[①]。本书也会引用与内容相关的知识点。

下面，我们开始进入第 1 章。

---

① 作者在个人主页中对本书的补充内容，见本书附录。——编者注

真的？
很有趣吗？

当然！
开讲了哦！

目　录

第1章
从不确定的信息中作出判断

序 欧·杰·辛普森审判与德肖维茨教授的辩护主张

人生在世，有时需要作出重大决定。学校的考试题目只有一个答案，但是现实社会中的问题往往没有正确答案，而且现实社会也不一定会向你提供有助于解答问题的所有材料。当我们必须要从不确定的信息中作出判断时，该如何是好呢？当我们获得新信息时，又该根据什么标准来更改自己的判断呢？现在，我来告诉你如何解决以上问题。

1994 年，你还没有出生。那一年在美国洛杉矶发生了欧·杰·辛普森谋杀案，知名橄榄球运动员辛普森的前妻妮科尔·布朗及其友人罗纳德·古德曼被发现死于布朗的寓所外，辛普森被怀疑是杀害两人的凶手。辛普森退役后以演员的身份参加各类活动，并且深受人们喜爱。因此，这个案件在当时备受关注。来自美国各地的律师们组成了辛普森的辩护团，被人们称为"梦之队"。另外，检方也召集了最精明能干的检察官。甚至媒体还在电视上直播了这场"世纪审判"的审判情况。

检方提交了辛普森常年对布朗施暴的证据，试图用家庭暴力证明其有杀人嫌疑。然而，辩护团中的一名律师、哈佛大学法学院的艾伦·德肖维茨教授引用了美国联邦调查局的一份犯罪统计数据，即虐待妻子的 2500 名丈夫中只有 1 人杀害了自己的妻子，并且主张应该忽略家庭暴力这个证据。结果检方无力反驳，最终无法让陪审团信服辛普森的施暴行为造成了杀人行为。但是，德肖维茨教授的主张纯属诡辩，完全可以用数学语言驳倒。

刑事审判追究的是有罪的"概率"。除非亲眼看见犯罪，否则就不能百分之百地断定有罪。检方的工作就是要证明无罪的概率极小，法律术语叫作"排除合理怀疑，判定有罪"。至于多小的概率才能排除合理怀疑，这是一道数学无法判断的主观题。法官和陪审团的职责正是对此作出判断。但是概率能用数值表达怀疑的程度，并通过这个数值来判断是否存在合理怀疑。这就是数学的力量。

用概率来讲，德肖维茨教授的主张是有家庭暴力的丈夫杀害妻子的概率是 1/2500，因为这个概率极小，所以作为证据并无意义。法官和陪审团在作判断时，必须将所有相关信息考虑在内。实际上，德肖维茨教授忽略了重要的信息，即"妮科尔·布朗已经被杀害了"。如果把这个条件加进去的话，概率计算会得到完全不同的结果。本章的目的之一就是解释以上概率问题。

1　先来掷骰子

概率是一种用数值表示某种主张正确率的方法。例如掷骰子的时候，掷出 1 的概率是多少呢？骰子有 6 面，分别标有 1 到 6 这 6 个数字。如果每一面都一样容易掷出的话，那么平均应该是 6 次里有 1 次会掷出 1，即"掷出 1 的概率是 1/6"。

不过，如果骰子特殊，就会出现容易掷出 1 的情况。这样一来，1/6 的概率并不准确。只要通过反复实验，就能算出特殊骰子掷出 1 的概率。假设掷 1000 次骰子，掷出 1 的次数是 496 次，那么得出的概率大于 1/6。将两个概率相比，$496/1000 = 0.496$ 大于 $1/6 \approx 0.167$（在本书中，将 1/6 计算到小数点后 4 位，最后一位数采用四舍五入得出近似值，用符号 $\approx$ 标记）。因为概率大于 1/6，所以说明这颗骰子容易掷出 1。除非骰子状态发生变化，否则再掷 1000 次骰子时掷出 1 的概率并不会发生改变。但是掷骰子的方法偶尔不同，所以无法保证是否能刚好掷出 496 次 1。因此 0.496 这个概率并不精确。如果想要算出更加精确的概率，那么需要增加掷骰子的次数。掷骰子的次数越多，实验得出的概率就越趋向于固定值。这个数学定律就是著名的"大数定律"。

如上所述，计算概率的方法主要有以下两种。

【方法 A】找出掷骰子的所有可能的结果（从 1 到 6），假设掷出每个数字的概率相同，那么因为掷出的数字有 6 种可能性，所以掷出 1 的概率为 1/6。

【方法 B】实际掷骰子，计算（掷出 1 的次数）/（实际掷骰子的次数）并得出概率。

虽然方法 B 无法得到准确概率，但是多亏有大数定律，只要增加实验次数,概率就会越来越接近固定值(不使用特殊骰子的话等于 1/6)。另外,因为方法 A 中假设每个可能性发生的概率相同,所以在特殊骰子的情况下得出的概率并不准确。在后半部分,我将讲解如何在特殊骰子的情况下修正概率。

接下来我们思考掷两个骰子时的情况。两个骰子都掷出 1,即两个骰子同时掷出 1 的概率是多少呢?使用方法 A 时要思考所有可能性。每个骰子都有 6 个面,两个骰子掷出的数字组合方式一共有 $6 \times 6 = 36$ 种。如果这 36 种组合出现的概率相同,那么同时掷出 1 的概率是 36 次掷出 1 次,即 1/36。1/36 相当于 $1/6 \times 1/6$。也就是说,一个骰子掷出 1 的概率是 1/6,另一个骰子掷出 1 的概率也是 1/6,二者相乘便是两个骰子同时掷出 1 的概率。

两个事件同时发生的概率等于两个事件各自发生的概率的乘积。虽然这是概率非常重要的性质,但并不是随时都能成立的。只有发生的两个事件相互独立时,才能运用上述性质。就当前情况而言,其中一个骰子掷出的数字不会影响另一个骰子掷出的结果。

2　打赌不输的诀窍

接下来我将说明如何运用"两个事件同时发生的概率等于两个事件各自发生的概率的乘积"这一性质。例如打赌猜测抛出的硬币是正面朝上还是背面朝上。如果不是特殊的硬币,正面朝上和背面朝上的概率均等于 1/2。考虑到硬币存在特殊情况,那么将正面朝上的概率设为 p,背面朝上的概率设为 q。因为硬币只有正面和背面,所以两者的概率关系为 $p + q = 1$。

假设正面朝上赢 1 元,背面朝上则输 1 元。连续抛两次硬币,两次都正面朝上的概率为 $p \times p = p^2$。重复抛硬币的动作，连续抛 n 次，n 次都正面朝上的概率为 p^n（p^n 是 n 个 p 相乘的意思，读作 p 的 n 次方）。因为 p 小于 1，所以 n 越大，p^n 的值就越小。按照一般常识，很少出现连赢几次的情况也是合情合理的。

假设刚开始时手上有 m 元，每次的赌注为 1 元，赢的钱增多到 N 元时果断收手。

将赢钱的概率记作 $P(m, N)$。P 是英语单词 "Probability" 的首字母，常用作表示概率。为了表示 m 元变成 N 元的概率，再在 P 之后写上 (m, N)。这个概率大于 $1/2$ 的话就有赢钱的希望，反之小于 $1/2$ 的话最好还是尽早收手。概率的计算公式如下：

$$P(m, N) = \frac{1 - (q/p)^m}{1 - (q/p)^N}$$

如上所述，我直接简要地导入了上述公式。该公式的解释过程有些复杂，因此我将在附录中加以补充。另外，将手头上的钱输光的概率等于 $1 - P(m, N)$。

不过，$p = q = 1/2$ 时，因为 $q/p = 1$，所以右边的分子和分母均变成 0，那么 0 除以 0 就没有意义了。因此，出现这种情况时则采用以下计算方法，即

$$P(m, N) = m/N \quad （当 p = q = 1/2 时）$$

例如 $P(10, 20) = 1/2$。此时拿 10 元钱出来打赌，所持金额翻倍的概率和输光的概率是五五开。

假设用于打赌的硬币与普通硬币稍微有点不同，$p = 0.47$，$q = 0.53$。如果使用上面的公式，$P(10, 20) \approx 0.23$。换言之，所持金额翻倍的概率降低到 23%，输光的概率升至 77%。只要在硬币上稍微动个手脚，例如将容易抛到背面的概率增加 3%，那么输光的概率就从 50% 增至 77%。

赌注越大，结局就越悲惨。例如想将 50 元增加到 100 元，$P(50, 100)$ 约等于 0.0025，即 0.25%，这几乎没有赢的可能。

美式轮盘上有 38 个小方格，其中 36 个分别标有 $1 \sim 36$，$1 \sim 18$ 是红色，$19 \sim 36$ 是黑色。如果仅有上述 36 个数的话，转到红色和转到黑色的概率均为 $18/36 = 1/2$。但是轮盘上另外还有标有 0 和 00 的小方格，一旦转到这两个小方格，钱就归庄家所有。在这种情况下，对玩家来说赢的概率为 $p = 18/38 \approx 0.47$。换句话说，这个原理与抛硬币时将容易抛到背面的概率增加 3% 相同，计算的结果与刚才完全相符。如果手中有 50 元，假设每次的赌注为 1 元，若想翻倍，最终 99.75% 的概率会输光。

相反，怎样设赌注才能对玩家稍微更有利呢？假设 $p = 0.53$，$q = 0.47$，使用公式 $P(m, N)$，那么 $P(50, 100) \approx 0.9975$。$p$ 跟 q 的值与前面的情况相反，所持金额翻倍与输光的概率也正好相反。仅仅增加 3% 的有利条件，50 元翻倍成 100 元的概率马上变成了 99.75%。在这种情况下，除非运气特别差，否则谁都能赢。

公式 $P(m, N)$ 能教我们很多知识。首先要知道，"即使是仅有轻微不利条件的赌博，也绝不能参加"，因为轻微不利条件也会让输光的概率大大地增加。

反过来说，若想赢，只要设法让 p 大于 $1/2$ 即可。例如玩 21 点，只要提前记住发的纸牌，就能占优势。在美国，玩 21 点赢的概率大概设定在 $p = 0.495$。如果记住纸牌，赢的概率就会增至 $p = 0.51$。达斯汀·霍夫曼和汤姆·克鲁斯主演的电影《雨人》中就有类似桥段。以前我在普林斯顿高等研究院做研究时，同研究院的一个同事每个周末都会一起玩 21 点。

仅仅增加 3% 的有利条件，50 元翻倍成 100 元的概率马上变成了 99.75%。除非运气差到极点，否则谁都能赢。这就是我的必胜法宝。

　　道理听起来理所当然，不过请务必注意要"在条件稍微对自己有利时"。即使有利的程度很低，只要概率对自己有利，投入大笔资金加上谨慎操作，也能够赢利。反之，如果像拉斯维加斯的老虎机和轮盘赌那样已经被设定成对玩家存在轻微不利条件的话，即使你投入大笔资金，也基本上都会以输钱告终（回顾一下，假设 $p = 0.47$，那么 $P(m, N) \approx 0.0025$）。因此，绝不能参加这类赌博。

　　你在今后的成长过程中也许会经历许多类似的事情。比如你想要健康长寿，但也许会生一场意想不到的大病，又或许会在去学校的路上遭遇交通事故。健康长寿就跟抛硬币使钱翻倍的道理类似。如果偶然的积累会决定最终的结果，那么每一步是稍微有利还是轻微不利，不同的选择对结果的最终影响会天差地别。

　　在某种程度上，我们能够控制健康长寿的概率。例如饮食均衡、适当运动、拒绝吸烟、开车时系好安全带，等等。我们可以通过自身选择，将有助于长寿的每一步转化成有利条件。当然天生的体质也会影响寿命。如果天生体质较好，用抛硬币来比喻的话，就是最开始所持资金 m 比较大。与此相反，每天注意身体健康与提高硬币正面朝上的概率 p 相同。抛硬币时，如果 $p = 0.47$，那么 50 元翻倍的概率只有 0.25%，但是如果 $p = 0.53$，那么赢的概率将达到 99.75%。概率 p 的值相差甚微，却会让结果产生巨大的差异。有句老话叫作"每一天的积累最重要"，使用概率公式 $P(m, N)$，我们能通过数字切实体会到每天积累的重要性。这正是数学的力量。

　　我们常常认为成功人士拥有某种异于常人的才能。当然，这其中有一部分人确实拥有不一样的才能，不过大部分人与常人并无不同。只不过，这类人懂得一步一步积累，将概率改变成对自己有利的条件，从长远来看便与常人拉开巨大的差距。上面的概率公式正好教会我们积累的重要性。

3 条件概率与贝叶斯定理

好像开始有点长篇大论了,接下来我们来讲点不同类型的概率。

前面我们都在思考独立事件的概率,如果发生两个独立事件,那么两者同时发生的概率等于两个事件各自发生的概率的乘积。例如在概率 p 的条件下抛两次硬币,两次都是正面朝上的概率为 $p \times p$。不过,当然还存在不是两个独立事件的情况。

假设你们班上有 36 位学生,其中 1/3 的同学擅长理科,1/2 的同学擅长数学。那么,随机挑选一个学生,这个学生既擅长理科又擅长数学的概率是多少?如果两者属于独立的事件,那么概率为 $1/3 \times 1/2 = 1/6$。但是,学习理科经常要用到数学,所以擅长理科的学生多数也擅长数学。也就是说,这两者"并不是两个独立的事件"。

将班上 36 位学生按照是否擅长理科和数学进行分类,结果如下表所示:

	擅长数学	不擅长数学
擅长理科	10	2
不擅长理科	8	16

然后按照上表计算概率。班上有 36 位学生,其中同时擅长理科和数学的学生共有 10 人,所以概率为 $10/36 \approx 0.28$。这个概率稍大于之前计算的 $1/6 \approx 0.17$。

假设擅长理科同时又擅长数学的概率记作 $P($理科 $\rightarrow$ 数学$)$。按照上表所示,擅长理科的学生共有 $10 + 2 = 12$ 人。12 人中 10 人同时擅长数学,那么 $P($理科 $\rightarrow$ 数学$) = 10/12 = 5/6$。另外,不擅长理科却擅长数学的概率为 8/24 = 1/3。也就是说，是否擅长理科最终会影响擅长数学的概率，这两者并不是独立事件。因为是在"擅长理科"的条件下计算出的概率 $P(理科 \rightarrow 数学)$，所以 $P(理科 \rightarrow 数学)$ 叫作条件概率。

那么，擅长数学同时又擅长理科的概率又是多少呢？按照上表计算，$P(数学 \rightarrow 理科) = 10/18 = 5/9$。这个概率与 $P(理科 \rightarrow 数学) = 5/6$ 不同。这两个概率看起来相似，实际上完全是两码事。

不过，这两个概率也并不是完全无关。两者的关系如下：

$$P(数学)P(数学 \rightarrow 理科) = P(理科)P(理科 \rightarrow 数学)$$

此处的 $P(数学)$ 指的是擅长数学的概率，其值为 1/2；$P(理科)$ 指的是擅长理科的概率，其值为 1/3。代入公式验证，得到 $1/2 \times 5/9 = 1/3 \times 5/6$，即可证明这个公式的正确性。

以上公式中的数并不是偶然相等。请详见以下说明。

$$P(数学)=(擅长数学的人数)/(班上所有学生的人数)，$$
$$P(数学 \rightarrow 理科)=(既擅长数学又擅长理科的人数)/(擅长数学的人数)，$$
$$P(理科)=(擅长理科的人数)/(班上所有学生的人数)，$$
$$P(理科 \rightarrow 数学)=(既擅长数学又擅长理科的人数)/(擅长理科的人数)。$$

按照上述说明分别计算 $P(数学)P(数学 \rightarrow 理科)$ 和 $P(理科)P(理科 \rightarrow 数学)$，可以发现两者的计算结果均等于

$$(既擅长数学又擅长理科的人数)/(班上所有学生的人数)$$

正因为两者都在计算"既擅长数学又擅长理科的概率"，所以两边的计算结果相同。

公式 $P(数学)P(数学 \rightarrow 理科) = P(理科)P(理科 \rightarrow 数学)$ 是数学界著名的"贝叶斯定理"。托马斯·贝叶斯是 18 世纪的英国牧师，他原

本想计算神存在的概率，结果却发现了这个公式。然而，这个公式在贝叶斯生前并没有公布。在他过世半个世纪以后，法国的数学家皮埃尔－西蒙·拉普拉斯撰写了一本有关概率的书，并在书中介绍了这个公式。在那之后，这个公式开始被人熟知。

4　乳腺癌检查是否没有意义？

　　使用概率时，条件概率的计算往往成为关键。运用贝叶斯定理，能让概率的计算一目了然。我们以讨论乳腺癌检查的优缺点为例，来说明贝叶斯定理。

　　前面我们讲过，在某种程度上可以控制健康长寿的概率 p，不过如果想增大 p 值，必须每年都参加体检。美国癌症协会建议女性从 40 岁起最好每年接受乳房 X 光检查（使用 X 光的乳房断层摄影），以便尽早发现乳腺癌。然而，美国政府的预防医学工作组却发表了"不建议 40 岁以上女性定期接受检查"的观点，并引起了广泛的讨论。

　　如果不幸患上了乳腺癌，据说乳房 X 光检查结果呈阳性的概率高达 90%。用公式表达如下：

$$P(患上乳腺癌 \to 阳性) = 0.9$$

概率高达 90% 的话，可能大家觉得还是接受检查比较好。那么，预防医学工作组为什么不建议接受检查呢？

　　假设接受乳房 X 光检查，结果呈阳性。我们想知道，呈阳性的情况下真的患上乳腺癌的概率是多少。不过，90% 的概率指的是与此相反的情况，即患上乳腺癌时检查结果呈阳性的概率。这两者虽然概率不同，但是存在一定的关系。套用贝叶斯定理，使用以下公式可以计

算 $P($阳性 → 患上乳腺癌$)$。

$$P(阳性)P(阳性 → 患上乳腺癌) = P(患上乳腺癌)P(患上乳腺癌 → 阳性)$$

根据最近的统计结果，美国 40 岁以上女性患上乳腺癌的概率为 0.8%。也就是说，

$$P(患上乳腺癌) = 0.008$$

另外，40 岁以上女性接受乳房 X 光检查的结果呈阳性的概率 $P($阳性$)$ 为 0.08（这个数是从之前的数据中推导得出的。详细说明请参考附录）。集齐 $P(患上乳腺癌) = 0.008$、$P(阳性) = 0.08$、$P(患上乳腺癌 → 阳性) = 0.9$ 等关键数据后，将其代入贝叶斯定理的公式，结果如下：

$$P(阳性 → 患上乳腺癌)$$
$$= \frac{P(患上乳腺癌)P(患上乳腺癌 → 阳性)}{P(阳性)} = \frac{0.008 \times 0.9}{0.08} = 0.09$$

也就是说，"结果呈阳性时患上乳腺癌的概率"仅为 9%。伪阳性的概率超过 90%。

预防医学工作组表明，因为在接受检查的女性中，检查结果呈阳性实际上却没有患乳腺癌的人数超过了 90%，所以不建议接受检查。一旦结果呈阳性，必须接受活体组织检查等对身体造成更大负担的检查，同时对心理的打击也会更大。调查显示，即使知道是伪阳性，3 个月后两个人中还是会有 1 个人对健康状况感到不安。而且，美国政府也需要一个标准来确定保险的覆盖程度。不接受检查的话，存在无法发现癌症的风险，不过接受检查同样也存在风险。

不过，对当事人来说，人的生命只有一次，为了尽早发现癌症，即使存在伪阳性的风险，还是想要接受检查。实际上，建议 40 岁以上

女性接受乳房 X 光检查的美国癌症协会发表声明，公开反对预防医学工作组的劝告。你的妈妈从 40 岁起每年都会接受乳房 X 光检查。

40 岁以上女性接受乳腺癌检查，结果呈阳性并患有乳腺癌的概率只有 9%。但是，检查结果呈阳性后再次接受检查的话，结果又会怎么样呢？为了方便计算，假设两次检查的可靠性相同。因为第 1 次检查结果呈阳性，所以患乳腺癌的概率为 9%，换言之 P(患上乳腺癌) $= 0.09$。而且，这位女性接受第 2 次检查后结果仍然呈阳性的概率为 P(阳性) $= 0.14$(计算方法请参考附录)。因此，再次运用贝叶斯定理，计算结果如下：

$$P(\text{阳性} \to \text{患上乳腺癌}) = \frac{0.09 \times 0.9}{0.14} \approx 0.58$$

检查一次结果呈阳性的话，患有乳腺癌的概率只有 9%。但是，再检查一次结果还是呈阳性的话，概率就上升至 58%。

接受检查前患有乳腺癌的概率为 0.8%。接受检查后结果呈阳性时患乳腺癌的概率为 9%，但是这并不代表检查没有意义。因为再一次接受检查，结果还是呈阳性的话，患有乳腺癌的概率将达到 58%。运用贝叶斯定理，每次获取新信息时都能知道该如何修改概率。这从数学的角度体现出了学习"经验"。

概率通过数字告诉我们接受检查存在的风险与不接受检查存在的风险。先准确理解数字的意义，再进行判断，这就是本章标题"从不确定的信息中作出判断"的意义。

5　用数学来学习"经验"

下面我以特殊的骰子为例，来说明学习"经验"是怎么一回事儿。在学校学习概率时，老师总是强调"虽然前一次掷骰子掷出 1，但是下一次掷骰子掷出任何一面的概率都是不变的"。也就是说，掷两次骰子时，两次的概率是相互独立的。例如，掷普通的骰子，第一次掷出 1 的概率是 1/6，第二次掷出 1 的概率也是 1/6。

不过，如果普通骰子和特殊骰子混在一起，分不清哪个是哪个，第一次是否掷出 1 会影响第二次的概率。

普通骰子掷出 1 的概率为 1/6，假设特殊骰子掷出 1 的概率为 1/2。用公式表示如下：

$$P(普通 \rightarrow 掷出\,1) = 1/6, \; P(特殊 \rightarrow 掷出\,1) = 1/2$$

正因为普通骰子和特殊骰子的数量相同，假设手头上普通骰子和特殊骰子的概率是五五开，即

$$P(普通) = P(特殊) = 1/2$$

按照以上数据，掷出 1 的概率为

$$P(掷出\,1) = P(普通)P(普通 \rightarrow 掷出\,1) + P(特殊)P(特殊 \rightarrow 掷出\,1)$$
$$= 1/2 \times 1/6 + 1/2 \times 1/2 = 1/3$$

这个公式的推导方法请参考附录中的补充说明。因为在普通骰子中混有容易掷出 1 的骰子，所以掷出 1 的概率为 1/3，大于 1/6。

假设第一次掷出 1，再次掷同一个骰子时，第二次掷出 1 的概率为多少呢？首先要注意的是，第一次是否掷出 1 会改变骰子特殊的概率。

代入贝叶斯定理的话，

$$P(掷出 1)P(掷出 1 \rightarrow 普通) = P(普通)P(普通 \rightarrow 掷出 1)$$

因此，

$$P(掷出 1 \rightarrow 普通) = 1/4，P(掷出 1 \rightarrow 特殊) = 3/4$$

本来骰子特殊的概率为 $P(普通) = P(特殊) = 1/2$，但是如果第一次掷出 1 的话，那么骰子特殊的概率将增至 3/4。

一旦掷出 1，那么骰子是特殊骰子的概率就会增加，所以再次掷同一个骰子时，掷出 1 的概率也会增加。计算公式如下：

$$P(掷出 1 \rightarrow 掷出 1) = P(掷出 1 \rightarrow 普通)P(普通 \rightarrow 掷出 1) +$$
$$P(掷出 1 \rightarrow 特殊)P(特殊 \rightarrow 掷出 1)$$
$$= 1/4 \times 1/6 + 3/4 \times 1/2 = 5/12$$

第一次掷骰子时掷出 1 的概率为 $P(掷出 1) = 1/3 \approx 0.3$。不过掷出 1 后，再次掷同一个骰子时掷出 1 的概率增加至 $P(掷出 1 \rightarrow 掷出 1) = 5/12 \approx 0.4$。知道第一次掷出的是 1 后，骰子属于特殊骰子的概率从 1/2 变成 3/4。因此，按照以上数据，下一次掷出 1 的概率从 1/3 更正为 5/12。这就是我所说的运用贝叶斯定理来学习"经验"。

6 核电站重大事故再次发生的概率

这个概率的计算方法与日本人正在面对的重大问题有关。

我们有时候必须从不确定的信息中作出判断。例如在福岛第一核电站发生事故之前，据说日本的核电站发生事故的概率极小。但是，这次事故发生后，人们才发现，原来核电站的构造如此复杂，连专家都无法完全把握其安全性。也没有人准确地算出事故发生的概率到底是多少。这类似于刚才所说的骰子是否特殊，掷出 1 的概率到底是 1/2 还是 1/6。

我在报纸上看到，在这次事故发生之前，东京电力公司向日本政府提交的数据是核电站发生堆芯熔融等重大事故的概率为一座核电站在 10 000 000 年运行期内会发生一次事故。但是，日本开始使用核电站才不过 50 年。目前日本国内有 50 多座核电站，再加上最近刚建成的核电站，将核电站的运行年数打个折，计为约 1500 座 × 1 年。如果东京电力公司计算的概率正确的话，那么在过去 50 年日本发生重大事故的概率为 1500/10 000 000 = 0.00015，表示如下：

$$P(东电 \to 事故) = 0.00015$$

另外，反对建造核电站的人们主张要重视发生重大事故的概率。

我不知道他们估算的危险性有多高，不过假设他们担心每隔几个世代就会在日本的某地发生一次重大事故的话，难道是每 100 年发生一次吗？如果反核电运动人士主张重视的概率是正确的话，那么在过去 50 年间发生重大事故的概率为 50/100，也就是

$$P(反核电 \to 事故) = \frac{50}{100} = 0.5$$

如果用普通骰子和特殊骰子作类比，那么"东京电力公司估算正确"相当于"拿到普通骰子"，"反核电运动人士估算正确"相当于"拿到特殊骰子"。正如特殊骰子掷出 1 的概率会变高，假设反核电运动人士的主张正确，那么发生重大事故的概率也同样会变高。

在接下来的计算中，为了方便计算，假设东京电力公司估算的概率和反核电运动人士主张的概率中有一个是正确的。当然，也有一种

可能性是东京电力公司和反核电运动人士估算的概率都是错误的，所以这是一个很大的假设。不过我们的目的在于说明贝叶斯定理的使用方法，在这个假定下计算即可。

在事故发生前，很多人相信东京电力公司的结论。至少批准建造核电站的政府官员判断核电站是安全的。假设相信东京电力公司主张正确的概率为 99%，那么记作：

$$P(东电) = 0.99，P(反核电) = 0.01$$

按照上述数据，50 年之中发生重大核事故的概率为：

$$P(事故) = P(东电)P(东电 \rightarrow 事故) + P(反核电)P(反核电 \rightarrow 事故)$$
$$= 0.99 \times 0.00015 + 0.01 \times 0.5 \approx 0.0051$$

换言之，即使反核电运动人士强调 100 年间发生一次事故也很危险，如果他们正确的概率只有 1%，那么在日本国内某处发生重大核事故的概率约为 0.005 次，估算为 10 000 年间发生一次。

然而在日本，核电站的运行时间才不过 50 年，就发生了堆芯熔融。一旦发生了事故，我们就需要重新审视东京电力公司那个正确概率为 99% 的主张。于是，运用贝叶斯定理的话，

$$P(事故)P(事故 \rightarrow 东电) = P(东电)P(东电 \rightarrow 事故)$$

因此，

$$P(事故 \rightarrow 东电) = \frac{P(东电)P(东电 \rightarrow 事故)}{P(事故)} = \frac{0.99 \times 0.00015}{0.005} \approx 0.03$$

事故发生以后，东京电力公司主张正确的概率从 99% 急降为 3%。原因在于东京电力公司主张的事故概率 $P(东电 \rightarrow 事故)$ 为 0.00015，这个数值极小。虽然主张几乎不会发生事故，但既然发生了事故，东京

电力公司主张正确的概率变低也在情理之中。运用贝叶斯定理，你可以通过数学的语言来理解什么叫作"失去信任"。

那么在事故发生以后，下一次发生事故的概率又是多少呢？如果设备的运行率与发生事故之前相同的话，那么

$$P(事故 \rightarrow 事故) = P(事故 \rightarrow 东电)P(东电 \rightarrow 事故)$$
$$+ P(事故 \rightarrow 反核电)P(反核电 \rightarrow 事故)$$
$$= 0.03 \times 0.00015 + 0.97 \times 0.5 \approx 0.5$$

反核电运动人士所说的每50年发生0.5次，也就是每100年发生一次。

为了方便说明贝叶斯定理的使用方法，我们简单地假设"东京电力公司和反核电运动人士估算的概率中有一个是正确的"。当然，也有一种可能性是东京电力公司和反核电运动人士估算的概率都是错误的。而且，因为 $P(反核电 \rightarrow 事故) = 0.5$ 或者 $P(反核电) = 0.01$ 等数值是我自己随意计算得出的，所以不能按照这个表面意思来理解这些计算结果。

这次事故发生半年后，大概在 2011 年 10 月 17 日，东京电力公司重新公开估算了福岛第一核电站再次发生堆芯熔融的概率，改为每5000 年发生一次。在日本国内有 50 多座核电站，所有核电站重新运行的话，在日本某地发生重大事故的概率为每几百年发生一次。

当我们获取到新信息后，只要根据这些新信息来修改概率，就可以降低不确定性。这就是学习"经验"。继续使用核电站存在风险。另外，对于依赖大量进口化石燃料的日本来说，停止运行核电站同样存在风险。而且还要考虑化石燃料对地球气候变化的影响。要在比较各方面的风险后再作判断，也就是说，计算风险需要正确理解概率。

所谓进步，就是积累经验，获取更加正确的知识。每当遇到新信息，我们都需要拥有能够改变之前判断的勇气和沉稳的内心。这也是我们从贝叶斯定理中学到的。

7 欧·杰·辛普森真的杀害了妻子吗？

接下来我们回到最初欧·杰·辛普森审判的话题。辩护团的德肖维茨教授主张有家庭暴力的丈夫杀害妻子的概率为 1/2500，因为这个概率太小，所以作为证据提交并没有意义。换言之，

$$P(家庭暴力 \rightarrow 丈夫杀害妻子) = \frac{1}{2500}$$

但是，辛普森审判中最重要的问题是"有家庭暴力，而且妻子遇害时丈夫是凶手的概率"。

据说在美国，已婚女性被丈夫以外的人杀害的概率为 20 000 人中有 1 个人。假设受到家庭暴力的妻子为 100 000 人，其中有 5 人遇害的原因与家庭暴力无关。另外，受到家庭暴力的妻子被丈夫杀害的概率为 1/2500，即 100 000 人中有 40 人是被丈夫杀害的。遇害的妻子总共为 40 + 5 = 45 人，其中被丈夫杀害的妻子为 40 人，所以受到家庭暴力的妻子被杀害时，丈夫是凶手的概率为

$$P(家庭暴力且他杀 \rightarrow 丈夫杀害妻子) = \frac{40}{45} \approx 0.9$$

也就是说，只要能够证明辛普森有家庭暴力，他杀害布朗的概率即为90%。提出这个概率的话，想必就不能"排除合理怀疑"了。所以，显然这是一个重要的证据。90% 的概率也足以用来反驳德肖维茨教授的主张。这就是数学的力量。

事件发生时凶手所使用的黑色皮手套最终决定了审判结果。在辛普森家中发现的手套上沾有两人的血液和布朗的金色发丝，同时还检验出了辛普森的 DNA。检方提交了作为证物的手套，但是他们致命的失败在于要求辛普森戴上手套。因为沾有血迹的皮手套收缩了一些，

所以辛普森的大手难以戴上。而且，后来媒体曝光了发现这个皮手套的警官是一名种族歧视者，辩护团主张这位警官有可能捏造证据诬陷辛普森。由于警方草率管理证据遭到曝光，持有合理怀疑的陪审员们讨论后一致决定辛普森无罪。虽然数学起了一定的作用，但是仅靠数学并不一定能赢得审判。

希望零花钱
　能变多。

那要等你长大后。

第2章
回归基本原理

序　创新与创造的必要条件

我们在上小学的时候学习"算术"，初中开始学习"数学"，数学与"数"有着紧密的联系。数是一个奇妙的东西。假设这里有苹果，我们可以用1、2、3来计算个数。如果有橘子，同样可以用1、2、3计算。1个苹果和1个橘子明明是完全不同的物体，却都能用"1"来表示。数脱离了苹果或橘子等具体事物，它让我们思考的对象只限于没有实体的"数本身"，即抽象性。

埃隆·马斯克在接受美国物理学会会刊的采访时，阐述了走进抽象世界，从基本原理思考问题的意义。马斯克创办了网上电子支付服务公司，大获成功后又创立了用火箭为国际空间站等运送物资的SpaceX公司。他还担任特斯拉公司的首席执行官，特斯拉是一家致力于研发、制造及销售电动汽车的公司。

> **采访者**：您最近给追求创新的年轻人提了一个建议，提到了不去模仿他人，从基本原理思考问题的重要性。您可以再稍微具体地谈一下这点吗？
>
> **马斯克**：我们在平时的生活中一般不会从基本原理去思考问题。那么做的话，我们在精神上会受不了。所以，我们人生的大部分时间是在类推或模仿他人中度过的。不过当我们要去开辟一个新的领域，或者从真正意义上去创新时，必须得从基本原理出发。任何领域都一样，先要去发现这个领域中最基本的真理，然后再重新思考。实现这个过程需要精神上的努力。我举个例子吧，回归基本原理在我的火箭事业中就发挥了作用。

接下来，让我们一起去数的世界里探险，同时思考回归基本原理的具体含义。

1 加法、乘法与运算三定律

一般认为，数学作为一门学问诞生于古希腊。古中国、古巴比伦和古埃及曾经都在研究数和图形的性质，不过古希腊人最早深入考察了数学的起源。

大约在公元前 300 年，欧几里得编写的《几何原本》从"两点间能作一条直线""凡是直角都相等"等 5 条公设出发，在这基础上发现了图形的性质。这 5 条公设被称作公理，每一条都在阐述理所当然的常识。欧几里得之所以伟大，是因为他为这些理所当然的常识命名，加以准确的验证，并将其作为基本原理创立了几何学。这就是数学作为一门学问的开端。

从人们公认的公理出发，可以根据理论推导出图形的惊人性质。欧几里得用这种推导方法证明得出的各种定理，即便在 2300 年后的今天也同样准确。就算在 1 亿光年外的星球上出现了智慧生命体，或许他们的进化过程与人类不同，但只要他们运用的公理与欧几里得的相同，就能创立相同的几何学，证明相同的定理。

理所当然的常识一一被当作公理，只运用这些公理研究事物也许是一个非常烦琐的过程。但是正因为如此，数学定理才获得了永恒的生命。正因为忍受住了这个烦琐的过程，人类才发现了普遍真理。这正是马斯克口中的"从基本原理思考问题"的含义。

下面我们也尝试效仿欧几里得，从基本原理思考数的性质。

计算苹果或橘子个数的数字 1、2、3 叫作自然数[①]。自然数之间可以进行加法运算和乘法运算。如果有人提问一星期等于几小时，我们会计算 7×24。假设我们不用计算器，而用笔计算结果。笔算时，先按照位数将数分解成单个数字，接着分别将不同位数上的数字相乘，最后将相同位数上的数字对齐相加。

$$
\begin{array}{r}
7 \\
\times \quad 2\ 4 \\
\hline
2\ 8 \\
+ \quad 1\ 4\ 0 \\
\hline
1\ 6\ 8
\end{array}
$$

为了方便解释，下文中会写出笔算时通常省略的"+"和"0"。

[①] 为了讲述 "0" 的发现(本章第 2 节)，作者在此处未把 "0" 列为人类最初的计数用数，特此说明。——编者注

笔算过程中隐藏着数的基本原理。首先，分解 $24 = 4 + 20$，再分别计算 7×4 和 7×20。

$$7 \times (4 + 20) = 7 \times 4 + 7 \times 20$$

也许你觉得这是理所当然的，不过这个运算有一个响亮的名字叫"分配律"。如果用 a、b、c 代替具体的数，这条定律可以记作

$$\text{分配律：} a \times (b + c) = a \times b + a \times c$$

回到笔算过程，在 7×24 下方画一条横线，在横线下方写出 7×4 和 7×20 的计算结果。7×4 当然等于 28。然后再思考 7×20 的计算方法，首先分解 $20 = 2 \times 10$，先计算 $7 \times 2 = 14$，再将其结果乘以 10，得出 140。用算式书写如下：

$$7 \times (2 \times 10) = (7 \times 2) \times 10 = 14 \times 10 = 140$$

第一个等号处运用了结合律。

$$\text{结合律：} a \times (b \times c) = (a \times b) \times c$$

相同的公式同样可以运用于加法运算。

$$\text{结合律：} a + (b + c) = (a + b) + c$$

这也叫作结合律。

此外，还有一条"交换律"。

$$\text{交换律：} a + b = b + a, \ a \times b = b \times a$$

上算术课的时候，当老师提问"1 个苹果 100 日元，买 5 个苹果要花多少钱"时，如果你回答"$5 \times 100 = 500$，总共 500 日元"，那么由于没有

按照"1 个苹果的钱"ד个数"的顺序计算，有些老师会判这个方法错。但是乘法有交换律，即使计算的顺序不同，得出的结果也是相同的。

结合律、交换律和分配律这 3 条定律加上"1"的性质就构成了数的基本原理。

$$\text{"1"的性质：} 1 \times a = a \times 1 = a$$

我们在平时的计算中会无意识地使用这几条定律，不过数学的做法就是意识到它们的存在，分别为它们命名并加以验证。接下来我们就以这 3 条定律和"1"的性质为基础，通过它们去探索数的世界。

2　减法与 0 的发现

也许在人类文明诞生之初，仅靠加法运算和乘法运算就能够满足人类的需求。当人类发明货币之后，出现了商品借贷，减法运算也成了一个必要条件。减法就是"加法的逆运算"。自然数 a 减自然数 b 的过程被定义为抵消加 b 的过程。

$$(a - b) + b = a$$

换言之，所谓 $(a - b)$，就是"什么数加 b 等于 a"这个问题的答案。也可以说，$x + b = a$ 的解就是 x。

在小学学习算术时，大多数孩子会觉得减法比加法难，这也许是因为有时候会出现减不了的情况。比如盘子上有 3 个苹果，再放入 5 个苹果的话就是 $3 + 5 = 8$ 个。不过，拿掉 5 个即 $(3 - 5)$ 个的话，就不知道该怎么计算了。也就是说，减法运算的结果不一定都是自然数。

出现上述问题时，数学一般有两种解决方法。第一种是规定在自然数的范围内进行有意义的运算。在这种情况下，只允许大数减小数。

虽然这合乎逻辑，但是不能灵活进行减法运算的话，我们有时会感到不太方便。因此，如果减法运算的结果不一定都是自然数，那么第二种解决方法就是增加数。假设有 2 个自然数 a 和 b，如果 $a > b$，那么 $(a - b)$ 肯定是自然数。但是，如果 $a \leqslant b$，那么 $(a - b)$ 就一定不是自然数。如果不是自然数，那么只要发明新的数，在这些数的范围内进行减法运算即可。"0"和"负数"正是来源于这些想法。

首先，假设 $a = b$。例如 $a = b = 1$，$(1 - 1)$ 就不是自然数。那么，我们该怎么增加数来解决 $(1 - 1)$ 的问题呢？

因为你已经知道 $(1 - 1)$ 等于 0，所以可能会奇怪为什么事到如今还要思考"$(1 - 1)$ 等于什么"。接下来我们假装都不知道 0 的存在，从而重新体验一下发现 0 的过程。

既然发明了一个新的数，首先必须制定用这个数计算时所需的定律。数学经常使用的手法是让新增数套用既有的定律。不改变基本定律是推出新增数的引导线。

可以从加法运算的结合律推导出包含减法运算的结合律：

$$a + (b - c) = (a + b) - c$$

这个定律是从加法运算的结合律及减法运算的定义中推导出来的。证明过程在本书附录的补充知识中，有兴趣的话可以看一看。这个定律在 $b = c = 1$ 时同样成立，

$$a + (1 - 1) = (a + 1) - 1$$

因为右边的 $(a + 1) - 1$ 相当于 $(a + 1)$ 这个数减去比自身小的数字1，所以可以运用自然数之间的减法运算，结果等于 a。换言之，

$$a + (1 - 1) = a$$

$(1 - 1)$ 这个我们（假装）不知道的数有一个特点，即"任何数与它相加，其结果都不会改变"。

刚才我们思考的是 $(1 - 1)$，当然 $(2 - 2)$ 也一样。大家都看得出来，这两个其实是相同的数。用基本原理推导的话，假设刚才公式中的 $a = 2$，只要同时在 $2 + (1 - 1) = 2$ 的两边减去 2 即可。因此，$1 - 1 = 2 - 2$。不管是 $(3 - 3)$ 还是 $(100 - 100)$，结果也都一样，即 $1 - 1 = 3 - 3 = 100 - 100$。那么，用一个相同的符号"0"来表示上述运算，即

$$0 = 1 - 1 = 2 - 2 = 3 - 3 = 100 - 100$$

0 终于出场了。根据上面对 0 的定义，$a + (1 - 1)$ 可以表示如下：

$$a + 0 = 0 + a = a$$

0 与任何数相加，都等于这个数本身。

下一节需要用到 0 的乘法运算，先在此提一下。0 与任何数相乘都等于 0。这个限制由减法运算和乘法运算的分配律中推导出，

$$a \times (b - c) = a \times b - a \times c$$

这条分配律由加法运算的分配律和减法运算的定理中推导而出。有兴趣的读者请参考本书附录中的证明过程。这条定律在 $b = c$ 的情况下也同样成立，任何数 a 乘以 0 都为

$$a \times 0 = a \times (b - b) = a \times b - a \times b = 0$$

因此，$a \times 0 = 0$。

即便增加数，运算定律也同样成立，可以推导出 0 的基本性质，

$$a + 0 = 0 + a = a, \quad a \times 0 = 0 \times a = 0$$

于是，数中又多了一个0。

自文明开端，人类已经知道如何使用自然数进行计算。0 大约发现于 1400 年前，当时的日本正处于大化改新时期。数最初用来计算苹果、橘子等物的个数，使用数来表现"什么都没有"的状态，需要依靠思维的飞跃。这一点，甚至连古希腊人都未曾想到。

古巴比伦和中美洲的玛雅文明都有使用 0 的记录，不过是用它来表示数字的位数，并没有将其作为独立的"数"来看。628 年，印度天文学家和数学家婆罗摩笈多编著了《婆罗摩修正体系（宇宙的开端）》，最早在书中记录了 0 的性质。

0 诞生于印度，之后随着香料贸易传入中东地区。在当地文明的黄金时期担任巴格达图书馆"智慧馆"馆长的天文学家和数学家花拉子米，发展了使用 0 的数学。

8 世纪初期，伊斯兰文明传播到欧洲西部的伊比利亚半岛。后倭马亚王朝的首都科尔多瓦极尽繁华，甚至媲美巴格达，还建造了当时世界上最大的图书馆。之后，基督教国家为了夺回伊比利亚半岛，发起了复地运动。科尔多瓦积累的知识也随之传入了中世纪的欧洲。阿拉伯的数学书籍被译成了拉丁语，花拉子米解说印度十进制计数法的图书以《阿尔戈利兹姆算术》为题在欧洲出版。"阿尔戈利兹姆"是花拉子米的拉丁语读法。因此，使用印度计数法的人被叫作"阿尔戈利斯特"（algorist），这个词也是"算法"的词源，表示计算的顺序。

3　$(-1) \times (-1)$ 为何等于 1？

大多数人对使用负数存在抵触心理。"负数"这种叫法本来就给人不舒服的感觉，在英语中叫作 negative number。negative 也给人一种否定的印象。

在日常生活中，我们经常使用其他表达方式来代替"负"这个字。例如表达气温时，我们会使用零下 5 摄氏度来代替负 5 摄氏度。在我的研究室，秘书在月末送来的财务报表中，会用赤字代替收支的负增长。标记建筑物楼层时，人们也会用地下 2 层来代替负 2 层。

似乎大家非常不愿意使用"负"这个字。

在历史上，人们开始正式使用负数的时间晚于使用 0。欧洲人到了 17 世纪还在犹豫是否使用负数。甚至连在数学、科学和哲学领域有过巨大贡献的布莱士·帕斯卡也曾经主张"0 减 4 仍然等于 0"，其想法是"无"即没有的东西无法与任何数相减。此外，近代理性主义的创始人、哲学家和数学家勒内·笛卡儿在解方程时如果解出负数，也表示"任何数都不可能小于无"。据说，17 世纪的戈特弗里德·莱布尼茨最早积极地使用负数。

上一节提到，为了让 $(1 - 1)$ 具有意义，人们发明了 0。与此相同，为了让 $(1 - 2)$ 具有意义，人们定义了负数 -1。这个数具有 $1 + (-1) = 0$ 的性质，使用加法运算的结合律计算，可以表示为：

$$1 + (-1) = 1 + (1 - 2) = (1 + 1) - 2 = 2 - 2 = 0$$

当然，$2 + (-2) = 0$、$100 + (-100) = 0$ 都是成立的。任何自然数 a 都有 $a + (-a) = 0$。这也是负数的基本性质。接下来，我们使用这条定律来剖析负数的性质。

在负数的所有性质中，最不可思议的性质应该是两个负数相乘等于正数。有很多人到现在还无法理解个中原因。前段时间，我和朋友吃饭。我的这位朋友毕业于东京大学的工学院，毕业后就职于一流企业，担任技术负责人。吃饭时，他突然问我："我想问问你，到底为什么 -1 与 -1 相乘会等于 1 呢？"也许这是中学数学中最大的谜题之一吧。

首先，我们需要思考为什么正数与负数相乘会等于负数。举个例子，你每天都能拿到 100 日元的零花钱，假设你把这些钱存起来不花。第 1 天有 100 日元，第 2 天就有 200 日元，你的钱会越存越多。过了 n 天，你就存了 $100 \times n$ 日元。那么，如果 $100 \times n$ 中的 n 是负数，又会怎么样呢？$n = -1$ 代表 1 天前，也就是昨天的意思。因为昨天的钱比今天少，所以应该是 $100 \times (-1) = -100$。前天的话就是 $n = -2$，因为前天比今天少 200 日元，所以 $100 \times (-2) = -200$。这样一来，我们就知道正数 100 乘以负数 -2 会等于负数 -200。

从基本原理的角度应该怎么解释这个问题呢？关键在于减法运算与乘法运算的分配律。负数 -1 相当于 $-1 = 1 - 2$，那么

$$100 \times (-1) = 100 \times (1 - 2) = 100 \times 1 - 100 \times 2 = 100 - 200 = -100$$

可以推导出 $100 \times (-1) = -100$。正数与负数相乘等于负数源于分配律。

接下来，我们思考一个难题，即两个负数相乘为什么等于正数。假设你每天回家前都会花 100 日元买一杯果汁。从现在起，我不给你零花钱，那么你的存款每天都会减少 100 日元。过去 1 天少 100 日元，过去 2 天就会少 200 日元。过去 n 天，当然就会减少 $100 \times n$，表示为 $(-100) \times n$。在这里，$n = -1$ 的话会怎么样呢？每天花 100 日元买果汁，所以存款每天都减少 100 日元，昨天比今天肯定要多 100 日元。也就是说，$(-100) \times (-1) = 100$。前天的话就是 $n = -2$，比今天多了 200 日元，所以 $(-100) \times (-2) = 200$。从此可以推导出，两个负数相乘等于正数。

当然，这也是从分配律中推导而出的。首先来回顾一下负数的基本性质。以 $100 + (-100) = 0$ 为例，如果在式子的等号两边同时乘以 -1，右边的 0 与任何数相乘仍然等于 0。

$$[100 + (-100)] \times (-1) = 0$$

运用分配律，等式可以分解成：

$$100 \times (-1) + (-100) \times (-1) = 0$$

运用刚才推导出的式子 $100 \times (-1) = -100$ 计算左边第一项，那么

$$-100 + (-100) \times (-1) = 0$$

最后，在等号两边同时加上 100，得出

$$(-100) \times (-1) = 100$$

负数 -100 乘以负数 -1 等于正数 100。这个结论可从加法运算与乘法运算的基本定律中推导而出。

图 2-1 展示了"数的世界"。我们从自然数开始，将"数的世界"拓展到 0 和负数，以便灵活地进行减法运算。为了灵活地进行除法运算，接下来我们要思考的内容是分数。此外，无理数的世界也等待着我们去发掘。那么，让我们继续探索"数的世界"吧！

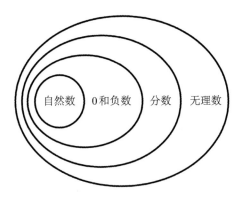

图 2-1 "数的世界"

4 分数与无限分割

到了小学六年级，我们都要学习"分数的除法运算要将除数的分子和分母颠倒后相乘"。首先我们来思考一下为什么这条定律是正确的。

在讲分数前，先来复习一下除法运算。减法运算是加法运算的逆运算，除法运算则是乘法运算的逆运算。

$$(a - b) + b = a, \quad (a \div b) \times b = a$$

换言之，"什么数乘以 b 等于 a"这个问题的答案就是 $(a \div b)$，也是 $x \times b = a$ 的解 x。

因为在自然数中无法灵活进行减法运算，所以人们想出了负数。与此相同，因为在自然数中无法灵活进行除法运算，所以需要分数。如果不切苹果，5 个人就无法平分 3 个苹果，因为 $3 \div 5$ 不是自然数。

前面提到过，小数减大数得出的"负数"花了很长时间才被人接受。关于负数，直到 17 世纪，在数学家之间还存在分歧。

然而，分数自古沿用至今。不管是分配食物还是分割土地，都会接触到分数，所以人们很容易接受分数的存在。以在古埃及拉美西斯二世墓中发现的《莱因德纸草书》为例，这本古书大约成书于公元前 1650 年，书中记载着有关分数计算的问题和解答。古书的卷首写着：

> 本节的内容为，为了把握事物的意义，剖明"模棱两可"和"秘密"的正确计算方法。

从那个时期起，数学已经被认为具有"阐明事物"的意义。

负数的出现，是为了能够灵活地进行自然数的减法运算 $(a - b)$。同样，分数是为了灵活地进行自然数的除法运算 $(a \div b)$。因此，

$$\frac{a}{b} = a \div b$$

分数相乘，则是分子乘以分子，分母乘以分母，用公式表示如下：

$$\frac{a}{b} \times \frac{c}{d} = \frac{a \times c}{b \times d}$$

很少人会觉得上述公式不可思议。关于如何从基本原理中推导此公式，有兴趣的读者请参考本书附录中的补充知识。

运用上述公式，能够证明"分数的除法运算要将除数的分子和分母颠倒后相乘"。

$$\frac{a}{b} \div \frac{c}{d} = \frac{a \times d}{b \times c}$$

为了验证上述公式，在等号两边同时乘以 c/d。在左边乘以 c/d，那么 $\div (c/d)$ 和 $\times (c/d)$ 相互抵消，重新回到 a/b。在右边乘以 c/d，按照乘法运算的定律，

$$\frac{a \times d}{b \times c} \times \frac{c}{d} = \frac{(a \times d) \times c}{(b \times c) \times d} = \frac{a \times (d \times c)}{b \times (c \times d)}$$

因为右边的分子和分母中有相等的项，即 $(d \times c) = (c \times d)$，所以约分后等于 a/b。等号两边同时乘以 c/d 后得到相同的结果，可以证明分数除法运算的定律。从基本原理证明约分定律的过程请参考本书附录中的补充知识。

5　假分数 → 带分数 → 连分数

古埃及人只使用分子为 1 的分数。尽管如此，古埃及人也没有感到不便，因为任何分数都能表示成分子为 1 的单位分数之和。例如，

在《莱因德纸草书》中有下列记载：

$$2 \div 59 = \frac{1}{36} + \frac{1}{236} + \frac{1}{531}$$

如上所示，分母不同的单位分数之和被称为"埃及分数"。

"连分数"是使用单位分数来表示分数的另一种方法。例如，27/7 的分子比较大，还可以表示为：

$$\frac{27}{7} = 3 + \cfrac{1}{1 + \cfrac{1}{6}}$$

因为右边第 2 项 $1/(1 + 1/6) = 6/7$，所以右边可以表示为 $3 + 6/7$，计算结果与左边一致。如上所示，将分母转换成以单位分数来表示的分数，这被称为连分数表达近似值。

连分数表达近似值是如何被发现的呢？在小学五年级的时候，我们应该都学过如何把假分数化为带分数。假分数是指分子大于或等于分母的分数，即分数自身大于或等于 1 的分数。例如，刚才提到的 27/7 就是一个假分数，因此将其化为带分数的话，右边的 3 与 6/7 可以写为

$$\frac{27}{7} = 3\frac{6}{7}$$

或者写为

$$\frac{27}{7} = 3 + \frac{6}{7}$$

在这里，6/7 的分子比分母小，是真分数。也就是说，把假分数化为带分数，实际上是把分数用"整数"与"真分数"之和的形式表现出来。换言之，假分数可以表示成"整数"与"真分数"之和。

等号右边的 6/7，其分子不等于 1。那么，这个时候该如何处理呢？

我们可以调换分子 6 与分母 7 的位置。前面我们已经解释过"分数的除法运算要将除数的分子和分母颠倒后相乘"。将 6/7 代入上述定理，即

$$\frac{6}{7} = 1 \div \frac{7}{6} = \frac{1}{\dfrac{7}{6}}$$

这样一来，分子就变成了 1。因为式子中的分母 7/6 是假分数，所以可将其化为带分数，记作 $7/6 = 1 + 1/6$，进而写成

$$\frac{27}{7} = 3 + \frac{6}{7} = 3 + \frac{1}{\dfrac{7}{6}} = 3 + \frac{1}{1 + \dfrac{1}{6}}$$

这样，分子就全部变为了 1，这就将 27/7 化为了连分数。

使用连分数可以轻松地发现两个数的最大公约数。关于最大公约数，请参考本书附录中的补充知识。

6　用连分数制定历法

日本国家天文台每年发布的《理科年表》中提到，1 年等于 365.24219 天。因为 1 年无法被整除，所以制定历法的过程就变得有些复杂。如果地球绕太阳转一周刚好是 365 天，即"1 年等于 365 天"的话，事情就好办了。冲方丁的时代小说《天地明察》被拍成了电影，这部电影呈现了主人公涩川春海为了制定精确历法而吃尽了苦头。

在制定历法的过程中，如果采用分数形式表示 1 年等于多少天的话，便省去了许多麻烦。首先，忽略 365.24219 中小数点之后的零头，1 年约等于 365 天。不过，如果省略了小数部分，那么春分日差不多每 4 年就会推迟 1 天。

只要使用近似分数

$$365.24219 = 365 + 0.24219 \approx 365 + \frac{1}{4.12899} \approx 365 + \frac{1}{4}$$

即可改善春分日推迟的问题。在上述近似值中，1年等于365天加1/4天。所以在历法中每4年会出现1次闰年，闰年的2月有29天。这是古罗马的尤利乌斯·凯撒于公元前45年制定的历法，也称作儒略历。

为了提高历法的精确度，不省略 $4.12899 = 4 + 0.12899$ 中的零头 0.12899。0.12899 约等于 $1/7.7525$，假设其近似值为 $1/8$，那么可以算出近似分数：

$$365.24219 \approx 365 + \frac{1}{4.12899} \approx 365 + \frac{1}{4 + \dfrac{1}{8}} = 365 + \frac{8}{33}$$

波斯数学家奥马·海亚姆[1]于1079年制定的杰拉勒历（Jalali Calendar）规定，33年中会出现8次闰年，确实与这个计算结果一致，而且误差保持在每年相差0.00023天。

另外，欧洲从古罗马时代到中世纪的很长一段时间里都使用儒略历。儒略历的误差是每年相差0.00781天，到16世纪末总共相差了将近13天。于是，罗马教皇格里高利十三世于1582年制定了格里高利历，规定"凡公元年数能被4整除的是闰年，不过能被100整除却不能被400整除的公元年数不是闰年"[2]。换言之，"400年中会出现3次不是闰年的公元年"，所以格里高利历的1年等于 $365 + \frac{1}{4} - \frac{3}{400} = 365.24250$ 天。误差约为每年相差0.00031天。

与格里高利历相比，杰拉勒历的误差更小。但是，因为格里高

---

[1] 奥马·海亚姆同时是一位诗人，著有《鲁拜集》。
[2] 1582年，日本发生了本能寺之变，织田信长因此自尽。同年，天正遣欧少年使节从长崎出发，并于1585年拜见了罗马教皇格里高利十三世。

利历计算闰年的方法更简单, 所以流传得更广。既然误差为每年相差
0.00031 天, 那么到累积相差 1 天时需要 3000 年以上, 实际上并不会
出现什么问题。现在我们所使用的公历, 正是格里高利历。

　　顺便提一下, 现在伊朗等国家所使用的伊朗历规定 128 年中会出
现 31 次闰年。计算方式如下:

$$365.24219 \approx 365 + \cfrac{1}{4 + \cfrac{1}{7 + \cfrac{1}{1 + \cfrac{1}{3}}}} = 365\frac{31}{128}$$

使用 4 级连分数来表示, 1 年的近似值相当于 $365\frac{31}{128}$ 天。这个结果与
《理科年表》中记载的一年时长差不多一致。其实, 地球的公转周期并
不是一成不变的, 它会因为受到其他天体的引力影响而发生变化。因此,
只使用周期性出现的闰年, 无法制定更加精确的历法。

7　过去不被认可的无理数

　　在公元前 4 世纪左右编写的《柏拉图对话集: 美诺篇》中, 来自塞
萨莉亚的客人美诺问苏格拉底: "为什么你可以探索自己未知的事物呢?"
苏格拉底当时做了以下试验。

　　苏格拉底把美诺的童奴叫到跟前, 给这个少年出了一道题: "假设
给定一个正方形, 求作一个正方形, 使它的面积是给定正方形的 2 倍。"
少年回答道: "只要使正方形的边长变成 2 倍即可。"不过在苏格拉底的
引导下, 少年意识到边长变成 2 倍的话, 正方形的面积会放大至原来
的 4 倍。与此同时, 少年也认识到了自己有多么"无知"。

接着，苏格拉底在沙子上画了图 2-2 中间所示的两个正方形，并分别画出对角线，将其分成 2 个等腰三角形。少年在苏格拉底的指导下，对这 4 个三角形进行排列组合，画出了图 2-2 右边的那个正方形。将 2 个正方形分解后重新组合，得到的正方形的面积是原来正方形面积的 2 倍。

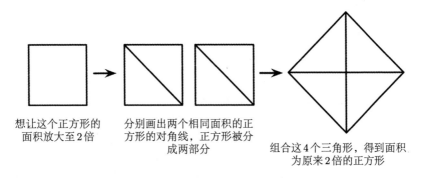

想让这个正方形的
面积放大至 2 倍

分别画出两个相同面积的正
方形的对角线，正方形被分
成两部分

组合这 4 个三角形，得到面积
为原来 2 倍的正方形

图 2-2　将正方形的面积变为原来的 2 倍

于是，将正方形面积放大至 2 倍的问题迎刃而解。试验结束后，苏格拉底对美诺说道：

> 比起认为自己无法发现未知的事物、无法探索未知的事物，
> 我们更应该去探索自己未知的事物，因为后者能让我们变得
> 更优秀、更勇敢、更勤奋。

在苏格拉底的指导下，童奴发现了面积变成 2 倍后的正方形的边长等于原来那个正方形的对角线长。因此，假设原来的正方形边长为 1，则对角线的长度为 2 的平方根，即 $\sqrt{2}$。$\sqrt{2}$ 无法用分数表示，然而这个发现给古希腊的数学带来了巨大的转机。

古希腊人一直认为，数只以分数的形式存在。例如，他们一直相信分数可以表示 2 条线段的长短之比。使用直尺和圆规，就能画出给定线段的分数倍。下面我来简单地解释一下。

例如，将给定线段的长度加长至2倍并不难。用直尺笔直画出线段的延长线，将原有线段的长度作为半径，用圆规画圆，最后再在直线上标出2倍长度的记号即可（图2-3）。

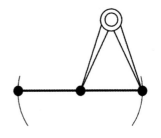

图2-3 线段加长至2倍长度

如果要将同一条线段的长度缩短至1/3的话，又该怎么处理呢？首先，重新画一条与已有线段相平行的线段。你知道画平行线的方法吗？一种方法是，用圆规画出垂线，再在垂线上画一条垂直于它的线，这条线平行于原来的线段。

使用圆规作图，即可将新线段的长度加长至原来的3倍（图2-4左）。记着，按照图2-4的右图画直线，这样一来，原有线段便被分割成1/3。使用此方法，不管是什么分数，都能画出给定线段的 n 等份。

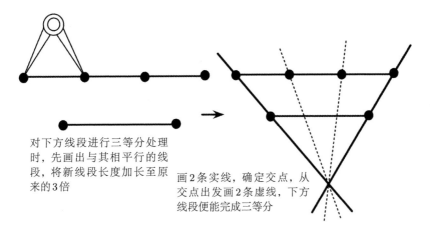

对下方线段进行三等分处理时，先画出与其相平行的线段，将新线段长度加长至原来的3倍

画2条实线，确定交点，从交点出发画2条虚线，下方线段便能完成三等分

图 2-4 将线段三等分

在古希腊，人们从自然界的各种自然现象中发现了分数。例如，公元前6世纪的数学家毕达哥拉斯发现，两个音符的频率之比构成的

分数越简单,两者的和弦就越悦耳动听。因此,毕达哥拉斯学派的人认为分数能够表达自然界的美与真实。

不过,通过分数表达和谐世界观的"毕达哥拉斯们"在探究数学法则的过程中,又发现了分数以外的数。毕达哥拉斯本人一直相信任何数皆为分数,但是他的门生希帕索斯证明了正方形的对角线与边长之比($\sqrt{2}$)绝对不可能是分数。正方形的对角线是能用尺规作图的线段,不过对角线与边长之比不是分数。希帕索斯的发现违反了毕达哥拉斯所教授的知识,据说他后来是溺水身亡的。(相传希帕索斯在船上发表了自己的新发现,结果惹怒了毕达哥拉斯,被他抛入海中溺水身亡。)

能用分数表示的数被称作"有理数",不能用分数表示的数被称作"无理数"。在之前的内容中,我们讲过"负数"给人否定消极的印象,"无理数"这种叫法同样带有一种负面情绪。希帕索斯发现线段的长度也可能存在不是有理数的情况,而是无理数。我本来打算在第 5 章中再讲下面的内容,不过现在可以稍微先透露一点。在直线中,无理数的量远远多于有理数。有理数和无理数等能表示线段长度的数统称为"实数"。

为什么 $\sqrt{2}$ 是无理数呢?大多数教科书会通过反证法加以证明,即先假设 $\sqrt{2}$ 可以用分数表示,再推导出存在矛盾。既然我们已经讲过连分数,那么就使用连分数来验证 $\sqrt{2}$ 是无理数。

我上初中的时候就记住了 $\sqrt{2} = 1.41421356\cdots$。用连分数表示的话,

$$\sqrt{2} = 1.41421356\cdots = 1 + 0.41421356\cdots = 1 + \cfrac{1}{2.41421356\cdots}$$

我们可以发现 $\sqrt{2} = 1.\underline{41421356}\cdots$ 的小数点之后的数字与右边分母 $2.\underline{41421356}\cdots$ 的排列顺序完全一致。于是,我们可以猜想

$$\sqrt{2} = 1 + \cfrac{1}{1 + \sqrt{2}}$$

以上猜想是正确的。因为 2 的平方根满足 $(\sqrt{2})^2 = 2$，所以从两边同时减去 1，$(\sqrt{2})^2 - 1 = 1$。左边进行因数分解得到 $(\sqrt{2} - 1)(\sqrt{2} + 1) = 1$，所以 $\sqrt{2} - 1 = 1/(\sqrt{2} + 1)$。再在等号两边同时加上 1，就得到上述式子。

因此，重复使用式子 $\sqrt{2} = 1 + 1/(1 + \sqrt{2})$ 的话，会得到

$$\sqrt{2} = 1 + \cfrac{1}{1 + \sqrt{2}} = 1 + \cfrac{1}{1 + 1 + \cfrac{1}{1 + \sqrt{2}}} = 1 + \cfrac{1}{2 + \cfrac{1}{2 + \cfrac{1}{2 + \cfrac{1}{\cdots}}}}$$

即出现 2 的无限循环。如果是分数的话，连分数的运算会终止于某个数，所以证明 $\sqrt{2}$ 不是分数[①]。

其他无理数同样可以使用连分数表达近似值来证明。例如，用连分数表示 3 的平方根 $\sqrt{3}$ 时，

$$\sqrt{3} = 1 + \cfrac{1}{1 + \cfrac{1}{1 + \sqrt{3}}} = 1 + \cfrac{1}{1 + \cfrac{1}{2 + \cfrac{1}{1 + \cfrac{1}{2 + \cfrac{1}{\cdots}}}}}$$

用连分数表示 2 的平方根时，其分母中会连续出现 2，而 3 的平方根是 1 和 2 交替出现。我们可以从中发现，连分数表示自然数的平方根具有一定的周期性。

当然也存在没有周期性的无理数。例如，用连分数表示圆周率 π 时，

[①] 此外还可以使用几何学来理解这项证明。相关内容请参考本书附录中的补充知识。

$$\pi = 3 + \cfrac{1}{7 + \cfrac{1}{15 + \cfrac{1}{1 + \cfrac{1}{292 + \cfrac{1}{1 + \cfrac{1}{\cdots}}}}}}$$

以上式子中并没有周期性。

第 4 级分母中出现了一个大数 292。因为 $1/(292 + \cdots)$ 是一个很小的数，所以计算在第 3 级停止的话，可以得到更接近圆周率的近似值。实际上，假设

$$\pi \approx 3 + \cfrac{1}{7 + \cfrac{1}{15 + 1}} = \frac{355}{113}$$

那么 $355/113 = 3.1415929\cdots$，与 $\pi = 3.1415926\cdots$ 有 7 位数保持一致。发现这个分数近似值的是中国南北朝时期的祖冲之。他用连分数表示圆周率时，把第 2 级计算得到的连分数表达近似值 22/7 称为"约率"（近似分数），把第 3 级计算得到的 355/113 称为"密率"（精确分数）。

8　二次方程的华丽历史

刚才我们已经提到，用连分数表示 $\sqrt{2}$ 和 $\sqrt{3}$ 等自然数的平方根时，分母会周期性地出现相同的数。另外，用连分数表示圆周率 π 时，并没有周期性。那么，什么数会得到循环分数呢？

莱昂哈德·欧拉被誉为 18 世纪最伟大的数学家。他发现，循环分

数是一些以整数 A、B、C 为系数的二次方程的根，即

$$Ax^2 + Bx + C = 0$$

在欧拉之后，推动 18 世纪数学进一步发展的约瑟夫·路易斯·拉格朗日，则从相反的方向证明了上述结论，即二次方程的根为循环分数。

从古巴比伦时代开始，人们就在研究如何解二次方程。这是因为在当时，二次方程可以帮助测量土地面积。耶鲁大学收藏的巴比伦黏土板上刻着一串楔形文字，内容是："长加宽等于 $6\frac{1}{2}$，面积等于 $7\frac{1}{2}$，该长方形的长和宽分别是多少？"假设长为 x，宽为 y，那么，这个问题可以用联立方程表示：

$$\begin{cases} x + y = 6\frac{1}{2} \\ xy = 7\frac{1}{2} \end{cases}$$

第一行式子可以记作 $y = 6\frac{1}{2} - x$，将这个式子代入第二行式子中，可以得到关于 x 的二次方程 $2x^2 - 13x + 15 = 0$。解得 $x = 5$ 或者 $3/2$。古巴比伦人没有使用算式，而是发明了其他方法解答上述难题。黏土板上同时刻着长 5、宽 3/2 的答案。

古希腊几何学的基础是尺规作图，古希腊人知道如何绘制给定线段的分数倍。不过，毕达哥拉斯学派告诉我们，无理数 $\sqrt{2}$ 也能通过正方形对角线与边长之比来作图。因此，问题在于哪些图形能作图，哪些图形不能作图。最著名的当属"三大几何作图问题"。

（1）给定一个立方体，求作一个立方体，使它的体积是给定立方体的 2 倍

给定一个正方形，求作一个正方形，使它的面积是给定正方形的 2 倍，这是《柏拉图对话集：美诺篇》中苏格拉底给童奴出的问题。这道题的答案是四条边的边长均变成给定正方形边长的 $\sqrt{2}$ 倍，而且能

用尺规作图。第一个几何作图问题就是把正方形换成三维的立方体。

据古罗马时代的历史学家普卢塔克考证，大约在公元前4世纪，希腊的提洛岛爆发内乱，市民们纷纷前往德尔菲神庙祈求神谕。结果，神谕启示，必须将立方体的阿波罗祭坛的体积扩大至原来的2倍。他们分别将祭坛的长、宽、高都扩大了1倍，不过依然没有解决问题，因为体积变成了原来的 $2 \times 2 \times 2 = 8$ 倍。市民们在专心研究这道数学题的过程中，内乱问题自然而然地解决了。因此，这道将立方体的体积扩大至2倍的数学题又被称作"提洛岛问题"。

（2）将给定角三等分

尺规作图即可轻松解决给定角的二等分问题。如图2-5所示，以角为中心画圆。画好的圆分别与角的两条边相交，再以这两个交点为中心，分别画两个半径相同的圆。

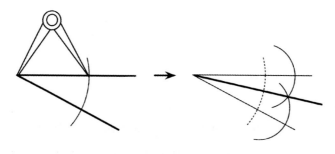

图2-5　将给定角二等分

将两个圆的交点和最初的角相连，即可解决给定角的二等分问题。线段既能二等分，也能三等分。所以，既然角可以二等分，当然也应该可以三等分。然而，这在过去却是一道难题。

（3）与给定圆面积相等的正方形

圆的面积等于 $\pi \times (半径)^2$，所以如果圆半径的 $\sqrt{2}$ 倍线段可以作图的话，那么以此线段为边长的正方形的面积将等于给定圆的面积。

在英语中，惯用语"square the circle"(化圆为方)意味着"试图做不可能的事"，从中可知从古时候起这个问题就一直被视作难题。

数学家们花了两千年，终于解决了这三大几何作图问题。然而，(1)和(2)直到17世纪，(3)直到19世纪才被证明出只用尺规是无法实现的。

如果"能作图"的话，只要尝试就能马上知道结果。不过，"无法作图"是怎么证明的呢？尺规作图的方法有无数种，当然不可能逐一尝试每种作图方法。那么，为什么能够判断无法作图呢？其实，关键在于二次方程。

人类历史上最伟大的数学家之一卡尔·弗里德里希·高斯首先明确阐述了图形能否用尺规作图的判断准则。高斯证明，如果图形的边长之比等于"加减乘除和平方根的有限组合"，即可以用重复解二次方程来表示的话，给定图形就具备能作图的可能性，否则就不能作图。第6章会讲解这个证明方法。

例如苏格拉底给童奴出的问题"将给定正方形的面积扩大至2倍"，因为假设给定正方形的边长为1，面积等其面积2倍的正方形边长为 $\sqrt{2}$，即可以用二次方程 $x^2 = 2$ 的根来表示，所以判断出可以作图。

反之，在将给定立方体的体积扩大至原来2倍的"提洛岛问题"中，就无法用二次方程来表示。假设立方体的边长为1，其体积则等于1。再假设体积等于给定立方体2倍的立方体边长为 x，条件是要满足体积扩大至2倍，那么用三次方程 $x^3 = 2$ 来表示。因为这个三次方程的根无法用2的平方根和加减乘除来表示，所以"提洛岛问题"的答案不能进行尺规作图。

虽然人们在17世纪终于发现问题(1)和问题(2)无法作图，但是问题(3)到了19世纪才得出了答案。这个问题同时也涉及圆周率π是否能够用整数系数的二次方程的根来表示(如果π可以作图，那么

$\sqrt{\pi}$ 也同样存在作图可能性）。1882 年，德国的林德曼证明了 π 不是二次方程的根，甚至不可能是任何多项式的根，因此也确定了化圆为方是无法作图的。

根据高斯的发现，几何作图问题得以从尺规作图中解放，进而升华为求一个数是否可以用有理数和平方根表示的问题，最终可以使用代数的方法来解决几何问题。这就是数学所具有的抽象力量。

在古希腊时代，人们就掌握了通过尺规作图绘制正三边、四边、五边、六边、八边和十边和十二边形。在当时，正七边、十一边和十三边形的作图方法比较难，人们认为如果正多边形的角数是大于 7 的素数（只能被 1 和它本身整除的正整数），就无法作图。然而，这个猜想被德国哥廷根大学的新生高斯推翻了，因为高斯证明了拥有素数个角的正十七边形可以作图。

高斯在 1796 年的日记中写道：“3 月 30 日的早晨，我醒来打算起床的时候，脑中闪过一个念头，那就是正十七边形可能可以作图。”当时他发现了斜边角等于（360÷17）度的直角三角形的斜边和底边之比为

$$\frac{-1 + \sqrt{17} + \sqrt{34 - 2\sqrt{17}} + 2\sqrt{17 + 3\sqrt{17} - \sqrt{34 - 2\sqrt{17}} - 2\sqrt{34 + 2\sqrt{17}}}}{16}$$

这个算式用加减乘除和平方根就可以表示。那个时候，高斯还因为不知道在大学学什么好而感到迷茫，而这个发现让他坚信自己拥有数学才能，开始走上了研究数学的道路。

伽利略和牛顿推动了近代科学的发展，二次方程解释了许多自然现象。例如，二次方程被用于计算大炮炮弹的着陆点，因此被人们称作“死亡方程式”。不过，它也用于计算汽车刹车的制动距离，起到拯救生命的作用。

二次方程 $Ax^2 + Bx + C = 0$ 有个"求根公式"，即 $x = \frac{-B \pm \sqrt{B^2 - 4AC}}{2A}$。在日本实施宽松教育的时代，这个公式曾经从初中学习指导纲领中删除了，直到近几年才重新收录。求根公式的思维方式是现代科学文明的基础，我认为它是一个适合在义务教育的最后阶段学习的课题。在第9章的"伽罗瓦理论"中，我们再来解释这个公式的深刻意义。

我们重新回顾一下图 2-1。人类通过寻找更高效的计算方法，从而拓展了"数的世界"。从计算苹果和橘子的自然数 1、2、3 开始，思考能够灵活进行减法运算的 0 和负数，找到了能够灵活进行除法运算的分数，到最后从尺规作图中发现了无理数。但是，这个过程经过了很长的岁月。甚至连帕斯卡和笛卡儿等伟大的数学家都无法接受分数。所以，有些中学生为负数的乘法运算而感到烦恼也是情有可原的。不过，在探索这些概念的同时，你也在追寻数学家们几千年的努力，近距离接触人类的智慧结晶。我希望你珍惜这千载难逢的好机会。

连分数真是
奇怪的分数。

但是，连分数
发挥了巨大作用！

第3章
大数并不恐怖

序　最初的原子弹爆炸实验与"费米问题"

　　1945 年 7 月，位于美国新墨西哥州的特里尼蒂实验场开展了世界上首例原子弹爆炸实验。在那 3 年前，恩利克·费米在芝加哥大学建造了核反应堆，实现了原子核分裂的持续性连锁反应。他也作为曼哈顿计划的成员参加了这次原子弹爆炸实验。

　　爆炸 40 秒后，爆炸冲击波到达观测基地。一直在观察爆炸中心地的费米站起来，举起双手。他的手中握着事先剪碎的纸片，爆炸冲击波到达时，他松开手指，纸片随着冲击波的威力飞到了两米半以外的地面。看到这个情景，费米稍微思考后，对参加实验的成员们说："这威力相当于 2 万吨 TNT 炸药。"

　　曼哈顿计划的科学家们研究了爆炸数据，经过 3 个月的精密计算，给出了与费米一样的结论。

就算是很容易获得的信息，只要深入研究，也能从中发现许多价值。费米喜欢给芝加哥大学的学生出题，让他们即兴估算各种量，其中最著名的问题是"芝加哥市区有多少位钢琴调音师"。

这个问题被称作"费米问题"，曾经出现在知名企业的笔试题中，日本也出版了不少解读这个问题的书。不过，解题方法实际上十分简单。这个问题乍一看很难，其实只要将其分解成几个简单的部分，分别估算后再将估算结果组合在一起即可。

例如估算钢琴调音师的人数这个问题，首先要估算芝加哥市区存在多少台钢琴。

我住在洛杉矶的近郊，洛杉矶是美国第二大城市，人口差不多有400万。芝加哥是美国第三大城市，人口大概有300万。假设平均每个家庭有3口人，那么芝加哥差不多有100万个家庭。当然，不可能每个家庭都拥有1台钢琴，不过假设100个家庭中只有1个家庭拥有钢琴的话，又觉得有点太少。记得我小学的班级中，有好几个同学家里有钢琴。因此，假设10个家庭中就有1个家庭拥有钢琴，即100万个家庭就有10万台钢琴。除了个人，学校或演奏厅等公共场所也配有钢琴。但是，例如小学里的钢琴，其实几百个学生对应的钢琴只有几台而已，所以也可以忽略公共场所的部分。

现在我们假设芝加哥市区有10万台钢琴，给这10万台钢琴调音需要多少位调音师呢？

我家也有钢琴，钢琴每半年要调1次音。当然有些钢琴不需要调音，所以假设平均每2年调1次音。那么，1位调音师在2年内可以给几台钢琴调音呢？1年约等于365天，假设只在工作日开展调音工作，那么 $365 \times 5/7$ 约等于260天。2年差不多是500天。1台钢琴所需的调音时间为1小时，再考虑到路上花费的时间，1位调音师1

天最多可以调 4 台钢琴。也就是说，1 位调音师在 2 年内最多能够给 500 × 4 = 2000 台钢琴调音。那么，如果要给 10 万台钢琴调音的话，大概需要 100 000 ÷ 2000 = 50 位调音师。

在上述估算中，我们都粗略地假设钢琴调音频率为每 2 年 1 次。数值越精确，估算的结果也会越准确。不过至少估算结果的位数是对的。实际上，我们查看"职业电话簿"后发现，芝加哥市区至少有 30 位钢琴调音师。因为还有调音师并没有登记在册，所以我们估算的 50 位左右其实并没有太大的偏差。

接下来再举一个有关"费米问题"的例子。

1　大气中的二氧化碳究竟增加了多少

现在，地球大气中的二氧化碳浓度不断增加，人们担心这会影响地球的气候。二氧化碳浓度的增加是因为人类消耗了大量石油、煤炭等化石燃料吗？对这个问题作出判断，首先需要估算化石燃料的二氧化碳排放量。我不是气象或环境问题的专家，但是仅仅靠我所掌握的知识，就能完成粗略的估算。我们来试着估算一下。

1.1　人类消耗了多少热量

我们每天要摄取约 2000 千卡的食物热量。卡路里是热量单位。不过，除了摄入食物，消耗热量的行为还包括开空调、使用计算机、制作产品、使用汽车等交通工具运送人或货物等，构成社会的所有服务业都在消耗热量。

如上所述，我们需要估算整个社会消耗了多少热量。首先，来思考一下汽车的耗能。例如丰田卡罗拉配备有 100 马力的发动机。1 马力指的是 1 匹马的力量,相当于 1 个人力量的好几倍。100 马力大概是人力的好几百倍。

人 1 天内仅从食物中摄取的热量约为 2000 千卡,在现代社会中每个人需要消耗的热量则为从食物中摄取热量的好几十倍。卡罗拉的最大输出功率相当于几百人消耗的热量,即相当于单个人消耗热量的数百倍,是非常大的数。我们折中取 50 倍来计算,即估算每个人每天需要消耗 100 000 千卡的热量。虽然这样估算有点随意,但是数的位数应该是正确的。

全世界约有 80 亿人口,那么全世界的耗热量应该大致等于每天 80 亿 × 100 000 千卡 = 8×10^{14} 千卡。

1.2 人类排放了多少二氧化碳

假设这么多热量全部由燃烧煤炭和石油等化石燃料产生,那么又排放多少二氧化碳呢?刚才我去便利店观察了货架,1 根 CALORIE MATE(日本大冢制药生产的能量补充食品品牌)的热量为 100 千卡。接下来我们参照这个热量值,来推导出能源消耗量与二氧化碳排放量的关系。

我们吸入氧气,呼出二氧化碳。这是因为食物里的碳与人通过呼吸吸入的氧相结合,生成二氧化碳。CALORIE MATE 的产品成分中包含 10 克碳水化合物,其中的一部分是转化成能源的碳。碳原本轻于碳水化合物本身,不过与氧结合生成二氧化碳后就会变重。因此,我们估算食用 1 根 CALORIE MATE 会摄取 100 千卡的热量,排出 10 克左右的二氧化碳。

全世界每天要排放 8×10^{14} 千卡的热量,把这个数代入刚才的估算中得出,全世界每天要排放 8×10^{13} 克的二氧化碳。如果 1 年按 365

天算，那么每年的二氧化碳排放量等于 $8 \times 10^{13} \times 365 \approx 3 \times 10^{16}$ 克。

美国加州大学圣迭戈分校的查理斯·基林教授从 1958 年开始，在夏威夷的莫纳罗亚火山观测站实施了将近半个世纪的大气二氧化碳含量观测，发现大气中的二氧化碳浓度每年以 10^{16} 克的幅度在不断增加。基林还因此获得了美国总统颁发的国家科学奖。

我们的估算结果与基林的观测结果基本一致，可以确定人类活动导致了这半个世纪内二氧化碳含量的增长。

2　遇到大数不必慌张

解决"费米问题"的秘诀是不管出现多大的数都不必慌张，只要按照理论谨慎计算即可。因为只是粗略估算，所以只要保证位数正确就没有什么问题。也就是说，关键在于不要数错 0 的位数。

这个时候，使用乘方运算就非常方便。例如 $10^1 = 10$ 或 $10^2 = 100$，10 右上角的数字就代表 0 的个数。1 万亿即 1 000 000 000 000 的 1 后面连续跟着 12 个 0，所以可以记作 1 万亿 $= 10^{12}$。

我们再使用这个方法来试着表示大数（2013 年的数据）。

日本的实际GDP $= 5.2 \times 10^{14}$ 日元

日本的国家预算 $= 9.2 \times 10^{13}$ 日元

丰田汽车的销售额 $= 2.3 \times 10^{13}$ 日元

日本的文化教育预算 $= 1.2 \times 10^{12}$ 日元

日本家庭年可支配收入 $= 5.1 \times 10^6$ 日元

说日本的国家预算（一般预算）是 92 万亿日元的话，我们可能没什么概念，不过如果用 10 的乘方表示，就很容易想象这个数值有多大。

这种用"整数部分是1位数的小数"和"10的乘方"的乘积来表示数的方法,称作"科学记数法"。92万亿日元被记作9.2×10^{13}日元时,9.2叫作"系数",10右上角的13叫作"指数"。

使用科学记数法进行乘法运算时,只要将指数相加即可,因此不容易出错。

$$10^7 \times 10^5 = 10^{7+5} = 10^{12}$$

而且,除法运算就是指数的减法运算。

$$10^7 \div 10^5 = 10^{7-5} = 10^2$$

如果按照$10\,000\,000 \div 100\,000 = 100$计算的话,就需要多加确认了。将上述算式换成公式的话,即

$$10^n \times 10^m = 10^{n+m}$$
$$10^n \div 10^m = 10^{n-m}$$

在第2章中,我提到过为了能灵活地进行除法运算,人们扩大了自然数的概念。当时,在自然数的范围中只允许大数减小数。因此,为了让减法运算更灵活,人们发明了0和负数。之前一直讲的都是关于10右上角的指数是非零自然数的情况,当然还存在指数是0和负数的情况。

例如,10^7除以10^7等于1。同时,也可以代入前面的除法运算公式,$10^7 \div 10^7 = 10^{7-7} = 10^0$。那么,我们可以发现,

$$10^0 = 1$$

此外,当10^5除以比它多两位数的10^7时,$100\,000 \div 10\,000\,000 = 1/100$。也就是说,$10^5 \div 10^7 = 1/100 = 1/10^2$。把它代入前面的除法运算公式,即$10^5 \div 10^7 = 10^{5-7} = 10^{-2}$,所以

$$10^{-2} = \frac{1}{10^2}$$

这样的话，小于 1 的数也可用乘方表示。例如，蚂蚁的身体长度约为 10^{-3} 米，变形虫的身体长度约为 10^{-4} 米。正如 $10^{-3} = 0.001$，指数的绝对值（不包括负号）等于小数中 0 的个数。

指数除了加法运算和减法运算，还可以进行乘法运算和除法运算。例如 $(10^5)^3$ 指的是 3 个 10^5 相乘，即

$$\left(10^5\right)^3 = 10^5 \times 10^5 \times 10^5 = 10^{15}$$

可以发现，右边的指数 $15 = 5 \times 3$，那么可以表示为 $(10^5)^3 = 10^{5 \times 3}$。计算幂的 m 次方时，指数变为 m 倍即可。

$$(10^n)^m = 10^{\overbrace{n + \cdots + n}^{m}} = 10^{n \times m}$$

指数的除法运算 $10^{n \div m}$ 指的又是什么呢？在第 2 章中，我们讲过除法运算就是乘法运算的逆运算。例如，$(3 \div 5) \times 5 = 3$。把这个算式代入指数中，即

$$\left(10^{3 \div 5}\right)^5 = 10^{(3 \div 5) \times 5} = 10^3$$

也就是说，$10^{3 \div 5}$ 的 5 次方等于 10^3，即 $10^{3 \div 5}$ 就是 10^3 的 5 次方根。将 5 次方根记作符号 $\sqrt[5]{\cdots}$ 的话，

$$10^{3/5} = 10^{3 \div 5} = \sqrt[5]{10^3}$$

如上所示，指数可以化成分数形式。而且，即使是类似 π 这样的无理数，它的分数近似值也可以作为指数。例如第 2 章中出现的密率，即 $\pi \approx 355/113$，将其代入公式，

$$10^\pi \approx 10^{355/113} = \sqrt[113]{10^{355}} \approx 1385$$

因此，任何数都可以表示成 10 的乘方。日本在 2013 年的实际 GDP 等于 5.2×10^{14} 日元，用 10 的乘方来表示的话，首先 5.2 大于 $1 = 10^0$，却小于 $10 = 10^1$。所以假设 $5.2 = 10^x$，那么 $0 < x < 1$。接着假设 $x = 1/2$，那么 $10^{1/2} = \sqrt{10} = 3.16\cdots$ 小于 5.2，因此 x 的范围缩小为 $1/2 < x < 1$。经过多次验算，我们发现 $x \approx 0.72$。只用 10 的乘方形式来表示日本在 2013 年的实际 GDP，即

$$5.2 \times 10^{14} \approx 10^{0.72+14} = 10^{14.72} \text{日元}$$

$5.2 \approx 10^{0.72}$ 中的指数 0.72 是通过反复实验推算出来的。其实还有一个简单计算 x 的工具叫"对数"，我们稍后详细介绍。

3 让天文学家寿命倍增的秘密武器

还记得第 1 章讲过的抛硬币游戏吗？当硬币正面朝上的概率 $p = 0.47$，背面朝上的概率 $q = 0.53$ 时，假设你手头有 50 元且每次的赌注为 1 元，如果想让手头的钱增加到 100 元的话，输光的概率高达 99.75%。计算公式如下：

$$P(50, 100) = \frac{1 - (q/p)^{50}}{1 - (q/p)^{100}}$$

在计算过程中，如果将 $q/p \approx 1.13$ 相乘 100 次的话，等你算完太阳都要下山了。

我在准备上述例子时，首先将 1.13 用 10 的乘方来表示，即 $1.13 \approx 10^{0.053}$。那么，

$$1.13^{50} \approx \left(10^{0.053}\right)^{50} = 10^{0.053 \times 50} \approx 10^{2.7} \approx 5.0 \times 10^2$$

$$1.13^{100} \approx \left(10^{0.053}\right)^{100} = 10^{0.053 \times 100} = 10^{5.3} \approx 2.0 \times 10^5$$

这样一来，不管是 50 次方还是 100 次方，都可以轻松计算。最后使用上述算式得到 $P(50, 100) \approx 0.0025$。也就是说，全胜而归的概率只有 0.25%。

由此可见，很多数用 10 的乘方表示后，计算就变得非常方便。进行乘法运算时，先将数用 10 的乘方表示，那么乘法就转化为加法，除法则转化为减法，计算就变得相当简单了。为此人们发明了对数。

在数学中，一个数随着另一个数的变化而变化叫作"函数"。例如，给定一个数 x，x 加 3 后得到了新的数 $x + 3$，这就是函数。

$$x \to x + 3$$

在这个函数中，1 会变成 4，2 会变成 5。

成语"覆水难收"表示的是"事已定局，难以挽回"。其实，对于某个操作，有时我们可以进行与其相反的操作。例如，橡皮能擦掉用铅笔写的字，羊角锤能拔除钉好的钉子。

函数能让某个数变成另一个数。不过，也有函数能够将其变回到原来那个数，这类函数称作"反函数"。例如表示一个数加上 3 的函数，即 $x \to x + 3$，其反函数就是将一个数减去 3，即

$$x \to x - 3$$

反函数会让函数的运算恢复原样。例如函数 $1 \to 4$ 的反函数 $4 \to 1$ 可以使其恢复原样。

$$\text{函数：} x \to x + 3$$
$$\text{反函数：} x + 3 \to x$$

如此，覆水也是可以收回的。

给定一个数 x，就可以计算 10 的乘方 10^x。这也是函数，

$$x \to 10^x$$

其反函数叫作"对数函数"，用符号记作 log。因为是 $x \to 10^x$ 的逆运算，所以

$$x \to 10^x$$
$$10^x \to \log_{10}(10^x) = x$$

对数的英语名称为"logarithm"，log 取自其英语单词的前 3 个字母。为了表示正在计算"10"的乘方的指数，在 log 右下角加了一个 10，写作 $\log_{10}$，亦写作 lg。

在我小时候，有一种叫作计算尺的工具。用计算尺可以求得 $\lg(1.13) \approx 0.053$，所以可知 1.13 的乘方表示为 $1.13 \approx 10^{0.053}$。在我进入高中以后，稍微高级一点的计算器就能计算对数函数了，我当时觉得非常方便。现在，只要在网上检索"lg 1.13"，就会自动跳出结果 0.05307844348。

人们发明对数是为了方便进行大数的乘法运算和除法运算。15 世纪，基督教国家通过伊比利亚半岛获得了通往大西洋的途径，从此便开始了大航海时代。为了在海上确定自己所在的位置，人们需要进行精确的天体观测和超过 10 位数的复杂计算。16 世纪丹麦伟大的天文学家第谷·布拉赫在大数的乘法和除法等运算中运用了三角函数和角公式(在第 8 章中解释)。苏格兰的约翰·奈皮尔听说了"第谷在计算时把乘法运算和除法运算转换成加法运算和减法运算"的传闻后，发明了比三角函数更简便的计算方法，即对数函数。因为对数提高了天文学的计算效率，所以人们称它"让天文学家的寿命增加了一倍"。"logarithm"

也是由奈皮尔所命名，"log"来源于希腊语"logos"（意思为单词和比率等），而"arithm"来源于"arithmos"（意思为数字）。

1601 年，第谷逝世，约翰尼斯·开普勒继承了他留下的大量天体观测数据，并于 1609 年发表了行星运动的第一定律和第二定律。之后，开普勒还发现了有关行星公转周期和轨道大小之间关系的第三定律，不过中间花了 10 年的时间。开普勒在 1616 年知道了对数的存在，而对数是发现第三定律的关键条件。我打算把开普勒定律放在本章后半部分再讲。

顺便说一下，奈皮尔（Napier）又译作"纳皮尔"。奈皮尔是苏格兰的贵族，他的后代弗朗西斯·奈皮尔曾担任 19 世纪大英帝国的印度总督。新西兰奈皮尔市的命名就是源于他的名字。奈皮尔市建有纸浆的出口港口，于是日本王子制纸公司也在此设立了纸浆工厂，该公司旗下的面巾纸品牌"妮飘"（Nepia）也由此得名。

4 复利最大化的存款方法

假设 A 银行定期存款的年利率是 100%。虽然世上没有这样的好事，不过为了便于计算，先如上假设。如果存入 1 万日元，1 年后资金会翻倍，即变为 2 万日元。然而，隔壁的 B 银行突然破例把年利率提到 200%，那么如果把钱存到 B 银行，1 年后就是 3 万日元。于是你去 A 银行商量，他们给出的解决方法是"给您按每半年存一次怎么样"。

假设年利率是 100%，平均一下的话，半年就是 50%。按照这个利率，半年后资金增加为 1.5 倍，再过半年又增加为 1.5 倍，所以 1 年后就是 $1.5 \times 1.5 = 2.25$ 倍，也就是 2 万 2500 日元，确实比存 1 年定期更划算。这种利滚利的做法称为"复利"。

但是，每年增加为 2.25 倍还是少于 B 银行的 3 倍。那么，如果将每半年换成每个月存一次的话，会出现什么结果呢？年利率还是 100%，1 个月的话就是 100/12，约等于 8.3%，即 1.083 倍。每个月存一次的话就是一年存 12 次，那么 1 年后资金会增加为 $(1.083\cdots)^{12} \approx 2.613$ 倍。每半年存一次的话，资金每年增加为 2.25 倍，所以每月存一次的收益率更高。

那么，继续缩短定期存款的时间，再多分几次来存的话结果会怎么样呢？收益率会不会高于每年资金增为 3 倍的 B 银行呢？

假设一年分 n 次来存，年利率平均除以次数后每一次的利率为百分之 $100/n$。也就是说，每存一次资金便增加为 $(1 + \frac{1}{n})$ 倍，那么存 n 次就增加为 $(1 + \frac{1}{n})^n$ 倍。增加存款次数的话，结果会如何发生变化呢？计算结果如下表所示：

定期存款时间	n	$(1 + \frac{1}{n})^n$
1年	1	2.000
半年	2	2.250
1个月	12	2.613
1天	365	2.714
1秒	31536000	2.718

虽然随着存款次数的增多，看起来复利是在一直增加，但永远不会大于 $2.71828\cdots$。也就是说，不管怎么努力，收益上 A 银行也赢不了 B 银行。

随着 n 的数值增大，$(1 + \frac{1}{n})^n$ 逐渐接近某个值。奈皮尔撰写了一本关于对数的书，并在附表中提到这个数，所以人们也称它为"奈皮尔常数"。据说，17 世纪的雅各布·伯努利最早明确认识到随着 n 不断变大，$(1 + \frac{1}{n})^n$ 会无限接近某个数。后来，欧拉使用记号"e"来表示这个数。使用极限的记号 lim，记作：

$$\mathrm{e} = \lim_{n \to \infty} \left(1 + \frac{1}{n}\right)^n$$

奈皮尔常数出现在数学的各个方面。例如第 4 章会提到，它在估算素数存在的个数时发挥了重要的作用。而且，它与圆周率 π 也有着紧密的联系。作家小川洋子在其小说《博士的爱情算式》[①] 中也提到了这个公式：

$$\mathrm{e}^{\pi \mathrm{i}} + 1 = 0$$

我们到第 8 章介绍虚数 i 之后再来解释这个公式。

5　让银行存款翻倍需要多少年

前面我们都在讲 10 的乘方，其实有些时候我们也会使用其他数的乘方。例如计算机的数据由 "0" 和 "1" 这两个数字组合表示，所以用 2 的乘方 2^x 来表示更方便。在这种情况下，为了表示正在计算 "2" 的乘方的指数，我们在 log 右下角加了一个 2，写作 $\log_2$，亦写作 lb。求指数 x 的对数函数记作

$$\mathrm{lb}\left(2^x\right) = x$$

在科学领域中，经常会使用自然常数 "e" 的乘方 e^x。求指数 x 的对数函数记作 $\log_\mathrm{e}$，亦写作 ln，称为 "自然对数"：

$$\ln\left(\mathrm{e}^x\right) = x$$

对数有一个重要性质，即 $\log y^n = n \times \log y$。这个性质对 lb、ln 和 lg

均适用。因为接下来会多次用到这个性质，所以先提前在此进行说明。

首先，我们来回顾一下本章第 2 节中曾经讲过的"计算幂的 n 次方时，指数变为 n 倍即可"，那么 $(10^x)^n = 10^{x \times n}$，其对数则为：

$$\lg (10^x)^n = \lg 10^{x \times n} = n \times x$$

假设 $y = 10^x$，则 $x = \lg y$，因此可以推导出：

$$\lg y^n = n \times x = n \times \lg y$$

lb 和 ln 也能使用相同的方法推导。

在科学领域中之所以经常使用自然对数，是因为对于非常小的数值 ε 来说，以下公式

$$\ln (1 + \varepsilon) \approx \varepsilon$$

近似成立。这个公式帮我们简化了许多计算。推导出这个公式十分简单，但因为推导过程有点长，所以我决定把证明过程放在本书附录的补充知识中。

接下来，我们尝试在资产管理中运用这个公式。2014 年，日本各大城市银行的定期存款年利率约为 0.025%，所以即便存 1 年定期，你的存款也只能变成 $(1 + 0.00025)$ 倍。那么，想让银行存款翻倍的话需要多少年呢？存 2 年的话是 $(1 + 0.00025)^2$ 倍，存 3 年就是 $(1 + 0.00025)^3$ 倍，存 n 年就是 $(1 + 0.00025)^n$ 倍。所以，只要计算以下公式

$$(1 + 0.00025)^n = 2$$

中 n 的值，就能得出存款翻倍所需要的年数。为了求 n 的值，我们首先计算左边的自然对数：

$$\ln{(1+0.00025)}^n = n \times \ln{(1+0.00025)} \approx n \times 0.00025$$

在这个算式的右半部分，使用公式 $\ln{(1+\varepsilon)} \approx \varepsilon$，令 $\varepsilon = 0.00025$，则 $\ln{(1+0.00025)} \approx 0.00025$。因为等式 $(1+0.00025)^n = 2$ 中右边 2 的自然对数 $\ln 2 \approx 0.69315$，所以 $n \times 0.00025 \approx 0.69315$。接下来可以算出存款翻倍所需要的年数为 $n \approx 0.69315/0.00025 = 2772.6$。由此可知，想让银行存款翻倍差不多需要存 2800 年。这就好比是古腓尼基人在北非建立城市国家迦太基时把钱存入银行，到了今天存款终于翻倍了。

我们来建立一个公式吧。假设利率等于 $R\%$，则 1 年后存款增加为 $(1+R/100)$ 倍，n 年后增加为 $(1+R/100)^n$ 倍。利率只有百分之几，因为 $R/100$ 是一个很小的数值，所以可以使用刚才的近似公式

$$\ln\left(1+\frac{R}{100}\right)^n \approx n \times \frac{R}{100}$$

要想 n 年后存款翻倍，那么 $\ln{(1+R/100)}^n$ 就要等于 $\ln 2 \approx 0.69315$，那么，

$$n \approx \frac{69.315}{R}$$

使用上述公式即可计算存款翻倍所需要的年数。

我向金融投资顾问咨询了管理资产的方法，他们告诉了我一条 "72 法则"。也就是说，存款翻倍所需要的年数 n 乘以利率 R，即 $n \times R = 72$。另外，刚才我们推导出来的公式是 $n \times R \approx 69.315$。那么，"72 法则" 的准确率有多高呢？下面我们通过表格的形式表示存款翻倍所需要的年数和利率，从而来检验法则的准确率。

利率	年数	年数 × 利率
100%	1.00	100
30%	2.64	79.2
10%	7.27	72.7
1%	69.6	69.6
0.1%	694	69.4

可以发现，随着利率的降低，年数 × 利率无限接近 $69.315\cdots$。金融投资顾问之所以使用 72，是因为 72 这个数值相对来说误差较小，而且 $72 = 2^3 \times 3^2$，只有 2 和 3 两个因数，所以也方便在脑中计算存款翻倍所需要的年数。

自然常数 e 除了计算复利，还出现在生活中的各个方面，例如"挑选恋人"的问题。假设有 N 个候补恋人，轮流对他们进行面试。刚开始抱着见个面的心态拒绝最初的 $(m-1)$ 人，然后从第 m 个人开始认真挑选，只要下一个碰到的人比前面的好，就确定选他。那么，问题是从第几个人开始认真挑选，才能选到自己最中意的人呢？关于这个问题，我已经在补充知识中解释过，答案是候补人数除以自然常数，即 $m = N/e \approx 0.368 \times N$。第 m 个人成功的概率也可用自然常数表示，即 $1/e$。据说开普勒在第二次婚姻对象的选择上就使用了上述策略。

6　用对数透视自然法则

在自然法则中，有很多法则可以使用乘方来表示。而且，对数具有透视自然法则的作用。所以，对数被运用于科学和工学等多个领域。对数甚至与音乐也有着紧密的关系，关于这一点，请参阅本书附录中的补充知识。接下来，我们来讲讲开普勒定律与对数之间的关系，开普勒定律帮助伽利略和牛顿拉开了 17 世纪科学革命的序幕。

前面我们已经说到了开普勒继承了第谷的天体观测数据，现在继续往下说。开普勒通过分析第谷的数据，发现了行星的运行轨道并不是哥白尼所认为的圆形，而是以太阳为焦点的椭圆形。这就是后来的开普勒第一定律。此外，他还发现了每颗行星在椭圆形轨道上运转时，离太阳近的话会加速，离太阳远的话会减速。开普勒第二定律就是用数学公式表示这个现象。开普勒于 1609 年发现了这两条定律。

开普勒坚信行星的轨道半径与公转周期之间存在一定的数学关系。然而，从获得第谷的数据到成功证明这个关系，开普勒花了 18 年。在图 3-1 中，我们把行星的轨道半径和公转周期转换成了散点图的形式（因为运行轨道是椭圆形，所以存在长半径和短半径，这里我们表示的是长半径）。

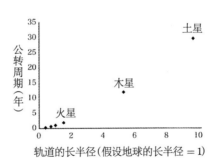

图3-1 行星的轨道半径与公转周期的关系

不过，我们很难从图 3-1 中看出轨道半径与公转周期之间的关系。虽然图中的黑点没有呈一条直线分布，但还是可以看出数据从土星到火星逐渐靠近原点，只不过看不出来是呈什么曲线。

开普勒在 1619 年出版了《世界的和谐》①，书中记载着在 1618 年的 3 月 8 日，"我的脑中浮现出一个伟大的想法"。这个想法就是比较轨道半径的对数和公转周期的对数。在图 3-2 中，纵坐标轴代表公转周期的对数，横坐标轴代表轨道长半径的对数。我们可以看到，从水星到土星的数据呈一条完美的直线。该图是以地球的公转周期和地球轨道的长半径为单位，所以地球就是原点。开普勒发现了这条直线的斜率为 3/2，即 $\lg$(行星的公转周期) $= \frac{3}{2} \lg$(轨道的长半径)。代入对数公式 $\log x^n = n \times \log x$，那么也可以表示为：

$$\lg(\text{行星的公转周期}) = \lg(\text{轨道的长半径})^{3/2}$$

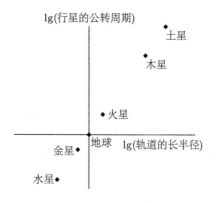

图 3-2　用对数表示，关系就非常清晰了

两边同时去掉对数符号的话，那么

$$\text{行星的公转周期} = (\text{轨道的长半径})^{3/2}$$

两边同时平方后，就得到了开普勒第三定律："行星公转周期的平方与

---

① 北京大学出版社，2011 年 6 月出版。——编者注

其椭圆轨道的长半径的立方之比是一个常量。"（因为这里我们以地球的公转周期和轨道半径为单位，所以比例常数等于1。）单单观察图3-1的话，我们根本无法发现指数为3/2。但是，观察一下使用了对数的图3-2，从直线的斜率来看就一目了然了。

艾萨克·牛顿的著作《自然哲学的数学原理》确立了经典力学体系，其第 3 卷从开普勒第三定律推导出了引力的大小与距离的平方成反比。也就是说，得益于对数，开普勒发现了开普勒定律，从而间接帮助牛顿发现了万有引力定律。

开普勒

以前的天文学家
真不容易!

对数是他们的
救命恩人!

第 4 章
不可思议的素数

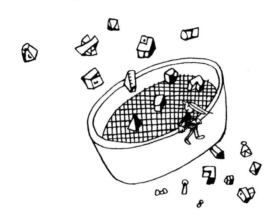

序 纯粹数学的精华

数学家弗兰克·纳尔逊·柯尔出生于 1861 年，他曾在哥伦比亚大学执教并担任美国数学学会的秘书官长达 25 年。退休时，他用收集的捐赠款设立了"柯尔奖"，这也是现在数学界最具权威性的奖项之一。

1903 年 10 月 31 日，柯尔在纽约召开的美国数学学会总会上发表了题为"关于大数的因数分解"的演讲。柯尔用粉笔在会场大黑板的左边写下了"2^{67}"，接着计算 2 的 67 次方，用 2^{67} 减 1，得到

$$2^{67} - 1 = 147\ 573\ 952\ 589\ 676\ 412\ 927$$

然后又挪到黑板的右边，写下

$$193\ 707\ 721 \times 761\ 838\ 257\ 287$$

在此期间，他一言不发，通过笔算计算出上述乘法运算的结果：

$$193\ 707\ 721 \times 761\ 838\ 257\ 287 = 147\ 573\ 952\ 589\ 676\ 412\ 927$$

经过确认之后，他用等号把右边与左边的 $2^{67} - 1$ 连接起来。柯尔依旧沉默着放下粉笔，走回座位。原本鸦雀无声的会场里响起了雷鸣般的掌声。

柯尔在黑板上写的数是梅森数中的一个。17 世纪的法国数学家马林·梅森对 $2^n - 1$ 做了大量的计算，推断出在小于或等于 257 的自然数 n 中，当 $n = 2$、3、5、7、13、17、19、31、67、127、257 时，$2^n - 1$ 是素数。因为"素数"是本章的主角，所以我们在后面会做详细的解释，这里就先做简略讲解。素数指的是除了 1 和它本身外，不能被其他自然数整除的数。例如当 $n = 2$、3、5、7 时，$2^n - 1 = 3$、7、31、127，这些数确实都属于素数。

法国数学家爱德华·卢卡斯通过历时 19 年的笔算，终于在 1876 年证实了 $2^{127} - 1$ 是素数。这是当时发现的数值最大的素数。直到 20 世纪中期，人们在计算器的帮助下才发现了更大的素数，在那之前这个纪录一直没被打破。卢卡斯证实了梅森所推断的当 $n = 127$ 时，$2^n - 1$ 是素数，同年他还证明了 $2^{67} - 1$ 不是素数。既然不是素数，那么说明 $2^{67} - 1$ 可以表示为多个数的乘积。不过，卢卡斯所使用的证明方法无法推导出这个数是哪些数的乘积。柯尔证明了这个数是 193 707 721 和 761 838 257 287 的乘积。据说他坚持在每个周日的下午认真计算，最终花了 3 年时间终于找到这个分解方法。

梅森的想法虽然并不准确，不过 $2^n - 1$ 中还包含了他没发现的许多素数，这些素数被称作"梅森素数"。截至 2014 年，已被发现的最大

的素数 $2^{57885161} - 1$ 也是梅森素数。[①]

　　研究整数性质的"数论"是纯粹数学中的一个特殊存在。例如被誉为人类历史上最伟大的数学家之一的高斯曾经说过："数学是科学的女王，而数论是数学的女王。"另外，19 世纪德国数学界的代表性人物利奥波德·克罗内克也有一句名言："上帝创造了整数，其余都是人做的工作。"

　　将整数分解成素数的乘积，而且分解的方法只有一种。研究事物的性质时，自然科学最基本的做法就是首先尽可能把这个事物分解成最小的构成要素，即最小单位，再分别对这些最小单位进行研究。例如，研究物质的性质时，将其分解成原子或基本粒子。同样，因为整数能被分解成素数的乘积，所以整数的最小单位是素数。数学家认为，素数是解开数学秘密的钥匙。这也是为什么素数研究能成为数论研究的重要问题之一。

　　素数研究是纯粹数学的精华，也是支撑现代互联网经济的基础。我们在网购时，会发送信用卡账号等个人信息。为了防止在此过程中个人信息被盗，必须对这些信息进行加密处理。接下来我们会讲到，加密处理正是运用了费马和欧拉等数学家所发现的素数的性质。

　　我们会在本章中解释素数的性质，同时尝试思考纯粹数学在现代社会中所发挥的作用。

[①] 截至 2017 年 2 月，已被发现的最大素数是第 49 个梅森素数，为 $2^{74207281} - 1$。

——编者注

1 埃拉托斯特尼筛法与素数的发现

把一个整数分解成其他整数的乘积，这叫作因数分解。乘积中的整数称为原整数的因数。例如，因为 $6 = 2 \times 3 = 1 \times 6$，所以 6 的因数是 1、2、3、6。另外，7 的因数只有 1 和 7。

素数指的是"只有 2 个因数的整数"。例如，7 是素数，而 6 就不是。而且，1 的因数只有 1，即"只有 1 个因数"，所以不是素数。实际上，1 不属于素数还有另外一个重要的原因，不过我们到后面再解释这个原因。此外，既不是素数也不是 1 的数统称为"合数"。

接下来我们试着从 2 到 99 的整数中找出素数。首先列出所有的整数：

	2	3	4	5	6	7	8	9	10
11	12	13	14	15	16	17	18	19	20
21	22	23	24	25	26	27	28	29	30
31	32	33	34	35	36	37	38	39	40
41	42	43	44	45	46	47	48	49	50
51	52	53	54	55	56	57	58	59	60
61	62	63	64	65	66	67	68	69	70
71	72	73	74	75	76	77	78	79	80
81	82	83	84	85	86	87	88	89	90
91	92	93	94	95	96	97	98	99	

第 1 个素数是 2，那么把 2 圈起来。再按顺序排除 2 乘以 2、3、4 等的倍数。

	②	3	~~4~~	5	~~6~~	7	~~8~~	9	~~10~~
11	~~12~~	13	~~14~~	15	~~16~~	17	~~18~~	19	~~20~~
21	~~22~~	23	~~24~~	25	~~26~~	27	~~28~~	29	~~30~~
31	~~32~~	33	~~34~~	35	~~36~~	37	~~38~~	39	~~40~~
41	~~42~~	43	~~44~~	45	~~46~~	47	~~48~~	49	~~50~~
51	~~52~~	53	~~54~~	55	~~56~~	57	~~58~~	59	~~60~~
61	~~62~~	63	~~64~~	65	~~66~~	67	~~68~~	69	~~70~~
71	~~72~~	73	~~74~~	75	~~76~~	77	~~78~~	79	~~80~~
81	~~82~~	83	~~84~~	85	~~86~~	87	~~88~~	89	~~90~~
91	~~92~~	93	~~94~~	95	~~96~~	97	~~98~~	99	

在剩余的数中，2 后面出现的是 3。没有排除 3 说明 3 不是 2 的倍数，所以 3 的因数只有 1 和 3。从而可以推断出，3 是素数。那么接下来把 3 圈起来，再排除 3 的倍数。在剩余的数中，3 后面出现的是 5，所以 5 也是素数。然后把 5 圈起来，再排除 5 的倍数。反复进行以上操作，得出了以下结果。

	②	③	~~4~~	⑤	~~6~~	⑦	~~8~~	~~9~~	~~10~~
⑪	~~12~~	⑬	~~14~~	~~15~~	~~16~~	⑰	~~18~~	⑲	~~20~~
~~21~~	~~22~~	㉓	~~24~~	~~25~~	~~26~~	~~27~~	~~28~~	㉙	~~30~~
㉛	~~32~~	~~33~~	~~34~~	~~35~~	~~36~~	㊲	~~38~~	~~39~~	~~40~~
㊶	~~42~~	㊸	~~44~~	~~45~~	~~46~~	㊼	~~48~~	~~49~~	~~50~~
~~51~~	~~52~~	(53)	~~54~~	~~55~~	~~56~~	~~57~~	~~58~~	(59)	~~60~~
(61)	~~62~~	~~63~~	~~64~~	~~65~~	~~66~~	(67)	~~68~~	~~69~~	~~70~~
(71)	~~72~~	(73)	~~74~~	~~75~~	~~76~~	~~77~~	~~78~~	(79)	~~80~~
~~81~~	~~82~~	(83)	~~84~~	~~85~~	~~86~~	~~87~~	~~88~~	(89)	~~90~~
~~91~~	~~92~~	~~93~~	~~94~~	~~95~~	~~96~~	(97)	~~98~~	~~99~~	

最后我们发现剩下的 $2, 3, 5, \cdots$ 都是素数。这种筛选素数的方法叫作"埃拉托斯特尼筛法"。埃拉托斯特尼是公元前 3 世纪活跃在埃及亚历山大的研究者，他还会出现在第 6 章中。我们改良了埃拉托斯特尼筛法，并将其用于制作素数表。

2 素数有无穷个

在第 2 章出现过的古埃及《莱因德纸草书》中也记载着素数。不过，据说到了古希腊时期，人们明确认识到素数是数的基础。特别是在公元前 300 年左右欧几里得编写的《几何原本》中详细研究了素数的性质。

与欧几里得同时期的德谟克利特提出了"原子论"，认为万物都由基本单位"原子"(atom) 构成。在古希腊语中，"atom"中的"tom"是"切割、分割"的意思，"a"是表示否定的接头词。也就是说，"atom"是"无法分割"的意思。因为合数可以被因数分解成素数，素数却不能继续分解，所以也可以认为素数是"数的原子"。有趣的是，"原子论"和"素数"在同一个时期被发现。虽然无法考证哪一个更早出现，但也许二者相互影响、相互促进。

在《几何原本》记载的多个素数性质中，最重要的定理是素数有无穷个。其实，这条定理是公元前 5 世纪左右由毕达哥拉斯学派的人证明的。

毕达哥拉斯学派的人发明了根据已知素数找出新素数的方法。例如从 2 和 3 开始，首先将这两项相乘后再加 1，即

$$2 \times 3 + 1 = 7$$

7 不管是除 2 还是除 3 都会余 1，所以 2 和 3 都不是 7 的因数，即 7 是素数。

证明 2、3、7 是素数后，将这三项相乘并加 1，得到的数除以上述三项中的任何一个数都会余 1。

$$2 \times 3 \times 7 + 1 = 43$$

所以 43 也是素数。

继续验算。

$$2 \times 3 \times 7 \times 43 + 1 = 1807$$

这个数除以 2、3、7、43 中的任何一个数都会余 1。然而，1807 并不是素数。其实，

$$1807 = 13 \times 139$$

1807 可以用 2 个素数即 13 和 139 的乘积表示。1807 用 2、3、7、43 中的任何一个数都无法整除，因此其分别得到的 13 和 139 是素数 2、3、7、43 之外新发现的素数。那么将最小的 13 和上述 4 个素数相乘后加 1，得到

$$2 \times 3 \times 7 \times 43 \times 13 + 1 = 23479 = 53 \times 443$$

这样一来，又出现了 53 和 443 这两个新的素数。

将已知素数相乘后加 1，得到的数都用已知素数无法整除。如果这个数是素数的话，就出现了新的素数。如果是合数，其因数中会包含新的素数。然后把其中较小的素数与原来的几个素数相乘，从而又发现新的素数。于是，我们会源源不断地发现新的素数，所以素数有无穷个。这就是毕达哥拉斯学派的人所使用的证明方法。

这个方法虽然可以不断发现素数，却无法证明是否适用于所有素数，因为素数的世界存在太多的未解之谜。

　　用素数的乘积表示自然数称作"分解质因数"。欧几里得在《几何原本》中提到了素数的另一个重要性质，即分解质因数只有一种方法。例如 210 可以分解成 $2 \times 3 \times 5 \times 7$，除此之外没有其他分解方法。

　　既然素数是"数的原子"，那么如果某些分解方法可以分解出不同素数的话，就有点不可思议了。所以绝对不会发生这种事，也就是说，分解质因数只存在唯一一种分解方法，这被称作"算术基本定理"。可能会有人认为这看起来是理所当然之事，却被冠以"基本定理"如此隆重的名号。然而，我们同样可以想象如果这条定理不成立的话，数学世界又是一番怎样的景象。感兴趣的读者请参阅本书附录中的补充知识。

　　值得庆幸的是，在我们的自然数世界里，"算术基本定理"已被证明，即将自然数分解成素数的方法具有唯一性。这也是为什么素数作为"数的原子"具有特殊的意义。

　　在上一节中，我们讲过 1 不是素数。如此定义的理由也来自"算术基本定理"。假设 1 是素数，那么 210 除了分解成 $2 \times 3 \times 5 \times 7$，还可以分解成 $1 \times 2 \times 3 \times 5 \times 7$ 或者 $1 \times 1 \times 1 \times 2 \times 3 \times 5 \times 7$ 等。如果 1 是素数，那么"算术基本定理"的定义也变得有些烦琐，例如"自然数因数分解成 1 以外的素数的方法只有一种"。其实，把 1 排除在素数以外的根本原因在于为了尽可能简洁明了地表达这个重要的定理。

　　数学家研究素数性质就如同物理学家努力研究物质的基本要素"基本粒子"的性质一样。分解质因数的方法只有一种，这个定理同时也证明了素数是自然数的最小单位。"算术基本定理"的名号当之无愧。

3　素数的分布存在规律

　　了解素数有无穷个后，如果将素数排成一行，

$$2, 3, 5, 7, 11, 13, 17, 19, 23, 29, 31, 37, 41, 43, \cdots$$

能发现存在什么规律呢？从古希腊时期开始，直到现在这个问题依然
吸引着数学家。

　　发现素数的规律就像是发现元素周期表。19 世纪的化学家德米特
里·门捷列夫依照原子量排列已发现的原子时，发现其性质中存在周
期性规律，并且运用这个规律预言了新原子的存在。而且，门捷列夫
的元素周期表对阐明 20 世纪的原子构造发挥了巨大的作用。与此相同，
如果能发现数的原子即素数的规律，就能更深入地阐明数的秘密。

　　在本章第 1 节中，我们使用埃拉托斯特尼筛法确定了小于 99 的素
数。一位数的素数共有 4 个，分别是

$$2, 3, 5, 7$$

两位数的素数共有21个，分别是

$$11, 13, 17, 19, 23, 29, 31, 37, 41, 43, 47,$$
$$53, 59, 61, 67, 71, 73, 79, 83, 89, 97$$

三位数的素数有143个，四位数的素数有1061个。我们来做粗略的估算。

　　一位数的自然数有 9 个，所以 $9/4 \approx 2.3$ 个自然数中就有一个是素数。

　　两位数的话就是 4.3 个自然数有一个是素数。

　　三位数的话就是 6.3 个自然数中有一个是素数。

　　四位数的话就是 8.5 个自然数中有一个是素数。

如上所示，素数的间隔大致与位数成正比。因此，根据这些数据计算比例系数的话，可以推断出如果是 N 位数的自然数，那么 $N \times 2.3$ 个数中大致有一个是素数。

　　其实，2.3 这个比例系数就是使用第 3 章中出现的自然对数所表示的 $\ln 10 = 2.302585092 \cdots$ 的近似值。因为对数有以下性质：

$$N \times \ln 10 = \ln 10^N$$

所以对于 N 位数的自然数，$N \times \ln 10 \approx N \times 2.3$ 个自然数中有一个是素数，那么也可以说 $\ln 10^N$ 个自然数中有一个是素数。第 3 章中出现的自然常数 e 在此处也发挥了作用。

　　第 2 章中提到的数学家高斯在 15 岁时，就像我们刚才那样寻找素数的分布规律，猜想小于 n 的素数的个数为 $n/\ln n$。高斯的猜想和我们的观察结果 "N 位数的话，差不多 $\ln 10^N$ 个自然数中就有一个是素数" 具有相同的意义。随着位数的增加，高斯的预测也越准确。1896 年，普森和雅克·阿达马分别证明了高斯的预测，这也是广为人知的 "素数定理"。虽然欧几里得证明了素数有无穷个，但是素数定理更精确地表示了素数增加的速度。

　　除了素数定理，自古以来就存在许多有关素数规律的猜想，其中只有一小部分得到了证明。最有名的当属孪生素数有无穷个的猜想。最近有研究在很大程度上推进了该猜想的发展，请参阅本书附录中的补充知识。

4　用"帕斯卡三角形"判定素数

有关素数的另一个重要问题是开发判断某个自然数是否是素数的方法。后面我们还会提到，进行互联网交易时所使用的密码需要用到 300 位数左右的大素数。发现大量的大素数在保护通信秘密中具有实用意义。

判断某个自然数是否属于素数，最简单的方法是依次除以小自然数，研究是否能够分解成因数。例如给定一个数 4187，依次除以 $2, 3, 4 \cdots$，如果可以整除的话就是合数，即判断不是素数。实际上，不需要除到 4187，只要除到它的平方根左右即可。例如 $4187 = 53 \times 79$，小的因数 53 小于 $\sqrt{4187} = 64.70\cdots$。

但是，如果使用这个方法判定 300 位数是否是素数，因为 10^{300} 的平方根是 10^{150}，所以必须一一验证是否能够被 10^{150} 个数整除。所谓"京速计算机"可以在 1 秒内进行 10^{16} 次计算。宇宙的年龄约为 138 亿年，差不多 4×10^{17} 秒，那么，即使用"京速计算机"从宇宙诞生起计算到现在，也只能进行 4×10^{33} 次计算。这样还是无法判断 300 位数是否是素数。

在判断素数的方法中，有一个方法使用了帕斯卡三角形[①]。什么是帕斯卡三角形？如下所示：

$$
\begin{array}{ccccccccccc}
 & & & & & 1 & & & & & \\
 & & & & 1 & & 1 & & & & \\
 & & & 1 & & 2 & & 1 & & & \\
 & & 1 & & 3 & & 3 & & 1 & & \\
 & 1 & & 4 & & 6 & & 4 & & 1 & \\
1 & & 5 & & 10 & & 10 & & 5 & & 1
\end{array}
$$

---

① 常称为杨辉三角形。——编者注

帕斯卡三角形从最顶端的 1 开始，按照以下规律排列。

（1）各行的两端都是 1。

（2）各行的相邻数相加后等于下一行的数。

例如我们看一下第 2、3、4 行：

$$第2行 \qquad 1 \qquad 1$$
$$第3行 \qquad 1 \qquad 2 \qquad 1$$
$$第4行 \quad 1 \qquad 3 \qquad 3 \qquad 1$$

很明显，从第 2 行向第 3 行推移时，$1 + 1 = 2$。从第 3 行向第 4 行推移时，$1 + 2 = 3$。

帕斯卡三角形的第 $(n + 1)$ 行排列的数同时也是 $(x + 1)^n$ 展开成 x 的乘方时所出现的系数。例如，

$$(x + 1)^1 = x + 1$$
$$(x + 1)^2 = x^2 + 2x + 1$$
$$(x + 1)^3 = x^3 + 3x^2 + 3x + 1$$

等号右边的系数与帕斯卡三角形中排列的数之间的关系也一目了然。

观察 $(x + 1)^n$ 展开式的系数，我们发现 n 是素数时，存在特殊的规律。例如，$n = 3$、5、7 等素数时，

$$(x + 1)^3 = x^3 + 3x^2 + 3x + 1$$
$$(x + 1)^5 = x^5 + 5x^4 + 10x^3 + 10x^2 + 5x + 1$$
$$(x + 1)^7 = x^7 + 7x^6 + 21x^5 + 35x^4 + 35x^3 + 21x^2 + 7x + 1$$

第一项的 x^n 和最后一项的 1 的系数都是 1。除了这两项，其余的系数等于 n 的倍数。例如在 $(x + 1)^7$ 的展开式中出现的系数 7、21、35 都是 7 的倍数。

不过，当 n 是合数时，部分系数不是 n 的倍数。例如在 $n = 4 = 2 \times 2$ 时，

$$(x + 1)^4 = x^4 + 4x^3 + 6x^2 + 4x + 1$$

x^2 的系数 6 就不是 4 的倍数。

接下来我们思考一下一般的 n。按照帕斯卡三角形的规律（1）和（2）进行计算，$(x + 1)^n$ 的展开式应该为

$$(x+1)^n = x^n + nx^{n-1} + \frac{n(n-1)}{2}x^{n-2} + \frac{n(n-1)(n-2)}{2 \times 3}x^{n-3} + \cdots + 1$$

除第一项和最后一项以外，各项系数的分子中都带有 n。假设 n 是素数，素数除了 1 和它本身外，不能被其他自然数整除。因为分母都小于 n，所以分母中的数都无法除以 n。因此，系数 n 被保留下来。也就是说，系数都是 n 的倍数。

然而，如果 n 是合数的话，结果就不一样了。例如 $n = 2 \times k$，假设 k 是奇数。将 $n = 2 \times k$ 代入刚才的展开式，得到

$$(x+1)^{2k} = x^{2k} + 2kx^{2k-1} + \frac{2k(2k-1)}{2}x^{2k-2} + \cdots + 1$$

观察 x^{2k-2} 的系数，

$$\frac{2k(2k-1)}{2} = k(2k-1)$$

因为 k 是奇数，所以 $k(2k-1)$ 也是奇数。不过又因为 $n = 2k$ 是偶数，所以这个数无法被 n 整除。分子中的 $2k$ 刚好被分母中的 2 整除。这同样适用于其他合数。

也就是说，$(x+1)^n$ 展开成 x 的乘方时，除首末两项以外的系数如果能被 n 整除的话，n 就是素数，否则 n 就是合数。

这看起来是判断大数 n 是否是素数的一个好方法，但是仅靠这个方法还远远不够。$(x+1)^n$ 的展开式有 $(n+1)$ 项，如果一一判断所有系数是否为 n 的倍数即分别用 $2, 3, 4 \cdots$ 除以 n 的话，方法虽然简单却十分费时。不过，我们可以从中得到启发，然后发明一个高效的方法。现在来说明一下这个高效的方法。

5 通过费马素性检验就是素数？

17 世纪的数学家皮埃尔·德·费马发现了有关整数性质的各种定理，其中最有名的是"费马最后的定理"，即"费马大定理"，内容为"当自然数 n 大于 3 时，关于自然数 (x, y, z) 的方程 $x^n + y^n = z^n$ 没有正整数解"。1995 年，安德鲁·怀尔斯在理查德·泰勒的帮助下成功证明了"费马大定理"。费马拥有一本古希腊丢番图的著作《算术》，他随手在这本著作的边角空白处写下了这条定理。他还在书中留下了"我已经发现了如何证明这条定理，不过空白的地方太少不够写"等信息，这引来了外界的各种猜想。不过考虑到怀尔斯的证明方法，可以理解对于 17 世纪的人们来说证明这条定理特别困难。

"费马小定理"的内容是"假如 p 是素数，对任意自然数 n，$(n^p - n)$ 都能被 p 整除"。为了区分"费马大定理"，这条定理被称作"费马小定理"。同样，现在依然无法确认费马证明了这条定理。第 2 章提到的莱布尼茨（他还会出现在第 7 章中）最先发表了正式的证明过程。

假设 $p = 5$，分别列出 5 除以自然数 n 的乘方得到的余数，即

n 的值	1	2	3	4	5
n 除以 5 的余数	1	2	3	4	0
n^2 除以 5 的余数	1	4	4	1	0
n^3 除以 5 的余数	1	3	2	4	0
n^4 除以 5 的余数	1	1	1	1	0
n^5 除以 5 的余数	1	2	3	4	0

观察上述表格，可以发现"n 除以 5 的余数"行和"n^5 除以 5 的余数"行中分布的数完全一致。也就是说这两行的差等于 0，所以 $n^5 - n$ 能被 5 整除，即"费马小定理"在 $p = 5$ 时是成立的。[①]

接下来我们用任意素数 p 来证明"费马小定理"。首先来回顾一下，如果 p 是素数，那么用 x 的乘方展开 $(x + 1)^p - x^p - 1$ 时，p 能被展开式的系数整除。因此，假如 n 是自然数，$(n + 1)^p - n^p - 1$ 则是能整除 p 的数。另外，"费马小定理"主张 p 能被 $n^p - n$ 整除。我总感觉这个 $n^p - n$ 和 $(n + 1)^p - n^p - 1$ 很像。

在研究数学时，观察类似项经常能得到启发。$n^p - n$ 中有 n^p，$(n + 1)^p - n^p - 1$ 中的 n^p 带有一个负号。如果将这两项相加，n^p 和 $-n^p$ 就相互抵消，即

$$\left(n^p - n\right) + \left((n+1)^p - n^p - 1\right) = \left(n+1\right)^p - \left(n+1\right)$$

仔细观察得到的算式，会发现 $n^p - n$ 和 $(n + 1)^p - (n + 1)$ 之间存在某种关系。我们已经知道 p 能被中间的 $(n + 1)^p - n^p - 1$ 整除。所以"假设 p 能被 $n^p - n$ 整除"，那么 p 也能被 $(n + 1)^p - (n + 1)$ 整除。

---

① 此处只计算了 $n = 1$ 到 5 的情况，因为 n 列和 $(n + 5)$ 列会出现相同的数。请自行思考原因。

也许你会疑惑："虽然得出了上述结论，但是我们不是要证明 p 能被 $n^p - n$ 整除呢？为什么要假设原本就要证明的公式呢？""如果对任意自然数 n，'费马小定理'都能够成立"，那么对自然数 $(n+1)$ 同样也能成立。不过，这也证明不了什么。

于是，我们再回到最初的 $n = 1$，那么 $1^p - 1 = 0$，当然能将 p 整除，因此"费马小定理"成立。因为刚才我们讲到"如果对任意自然数 n，'费马小定理'都能够成立"，那么对自然数 $(n+1)$ 同样也能成立，所以当 $n = 1$ 时"费马小定理"能够成立的话，那么 $n + 1 = 2$ 时同样也能成立。

重复上述公式，当 $n = 2$ 时"费马小定理"能够成立的话，那么 $n = 3$ 时同样也能成立，当然 $n = 4$、$n = 5$ 时都能成立。就像多米诺骨牌一样，从小数的 n 到大数的 n 依次证明"费马小定理"。

从"n 成立的话" $\Rightarrow$ "$(n+1)$ 同样也成立"证明有关自然数的定理。这种类似多米诺骨牌的证明方法叫作"数学归纳法"。

假如 p 是合数，又会得到什么结果呢？例如假设 $p = 6$，计算 $5^6 - 5$ 除以 6 后的余数。5^6 除以 6 余 1，5 除以 6 余 5，也就是说 5^6 和 5 除以 6 的余数并不相等。因此 $5^6 - 5$ 无法被 6 整除。根据"费马小定理"，如果 p 是素数，$5^p - 5$ 能被 p 整除，所以证明了 6 不是素数。

我们当然知道 6 不是素数，不过不管 p 的值有多大，都能立刻计算出 $n^p - n$ 除以 p 后的余数，所以只要余数不等于 0，就能判断出 p 是合数。这就叫作费马素性检验。如果一个自然数无法通过费马素性检验，就说明它不是素数。

刚才已经讲过，判断自然数 p 是否为素数时，通过按顺序除以 $2, 3 \cdots$ 来验证是否能够整除的话，效率实在太低。如果 p 的位数多达 300，即使用"京速计算机"从宇宙诞生时计算到现在也没办法算出结果。但是，使用费马素性检验的话，可以大幅度地减少计算次数。

　　然而，费马素性检验并不完美，因为不能通过费马素性检验的是合数，但是通过检验的也不一定就是素数。例如 $561 = 3 \times 11 \times 17$ 是合数，对任意自然数 n，$n^{561} - n$ 能被 561 整除。而且数学家已经证明了这种"伪素数"（其实它有一个响亮的名字叫"卡米切尔数"）有无穷个。

　　在帕斯卡三角形中，如果第 $(p+1)$ 行的第一项和最后一项以外的二项式系数能被 p 整除，那么可以判断 p 是素数。虽然费马素性检验也采用了这条定理，但是判断基准稍显薄弱。2002 年，印度理工学院坎普尔分校的马尼德拉·阿格拉沃尔教授和他的两个学生尼拉基·卡雅尔、尼汀·萨克西纳成功对这种方法进行了改良，发现了对于 p 位数 N，通过计算 $N^{7.5}$ 次后，可以判断其是否真为素数。甚至最近有人已经成功将计算次数减少 N^6 次。例如 p 约为 10^{300}，因为 $300^6 \approx 10^{15}$，所以用"京速计算机"的话只需 0.1 秒即可完成计算。多亏阿格拉沃尔开发了运用素数性质的算法，瞬间完成了从宇宙诞生开始至今都无法完成的计算。

6　保护通信秘密的"公钥密码"

　　自然数（特别是素数）的性质与加密通信的方法存在密切联系。

　　按照一定规律将通信内容替换成其他符号的过程叫作加密，反之将加密的数据恢复成原内容的过程叫作解密。对于 1970 年以前所使用的密码，只要掌握加密规则，就能解密。以公元前 1 世纪尤利乌斯·凯撒用过的密码为例，因为这个加密规则是让字母表中的字母按照一个固定数目进行偏移，所以只要反方向移动相同数目的字母即可完成解密。因此，如果敌方获悉加密规则的话，通信秘密也就泄露了，例如记录加密规则的文件被盗或者敌方从通信模式中破解了加密规则。

1925 年到第二次世界大战期间，德军使用的密码机"恩尼格玛"（意为哑谜）通过复杂地组合齿轮来替换字母。而且，它的构造保证每次使用的替换规则都不同。当时，这个密码机被认为不会被破译。但是，每天早晨严谨的德国士兵在加密并发送更换初始设置的方法时，总是发送两次消息，以免出现失误。波兰情报密码处的年轻数学家马里安·雷耶夫斯基发现德国士兵在每天早晨的通信中首先会重复发送两次消息，他运用了被称为群论的数学原理破解了这个消息模式，从而破解了齿轮的设置。1939 年德军进攻波兰时，自知无法保卫祖国的波兰情报密码处官员邀请英国和法国的情报将校到华沙，并告诉了他们有关"恩尼格玛"的秘密。后来英国的政府代码及加密学校（GC&CS, Government Code and Cipher School）以此为基础，成功破解了德军的密码，为盟军的胜利做出了巨大的贡献。

一旦加密规则泄露，加密对象就有可能被解密，这是加密无法避免的问题。不过，这个问题存在解决方法。1976 年，美国的威特菲尔德·迪菲和马丁·赫尔曼最早提出解决方案。为了更好地解释他们的想法，首先我们试着联想一下挂锁，如图 4-1 所示。

挂锁扣入锁扣后，就固定住了。这谁都知道。一旦挂锁被锁上，除非是有钥匙的人或者具有开锁技能的人，否则就无法开锁。

图 4-1　挂锁

即便懂得如何上锁，也不一定懂得如何开锁。上锁的知识对开锁没有任何帮助。

迪菲和赫尔曼一直在思考是否能够发明类似挂锁的密码。如果发明了即使是掌握加密规则者也无法轻易破解的密码，那么就没有必要隐瞒加密规则了。对外公开加密规则，这样的话，所有人都能够掌握如何对通信内容加密。这就像世界上布满了挂锁，所有人都能随心所欲地发送被锁保护的信件。虽然锁被公开了，但是开锁的钥匙握在自己手中，只要保护好手中的钥匙，其他任何人都无法在通信过程中打开受保护的加密信件。同样，即使公开加密规则，只要不公开解密规则，就能守住通信秘密，这就是迪菲和赫尔曼的想法。互联网通信中所使用的 RSA 密码正是这种"公钥密码"想法的具体实践。

7　公钥密码的钥匙：欧拉定理

在解释 RSA 密码前，我们先来介绍欧拉定理。这个定理是本章第 5 节中"费马小定理"普遍化的产物。"费马小定理"的内容是，假如 p 是素数，对于任意数 n，$n^p - n$ 都能被 p 整除。我们再来回顾一下第 5 节中的表格。

n 的值	1	2	3	4	5
n 除以 5 的余数	1	2	3	4	0
n^4 除以 5 的余数	1	1	1	1	0
n^5 除以 5 的余数	1	2	3	4	0

在这张表中，n 除以 5 的余数与 n^5 除以 5 的余数一致。还有其他有趣的规律吗？观察"n^4 除以 5 的余数"这行，除了最右边一项，其他都是 1。因为最右边一项 n 正好是 5 的倍数，所以如果 n 不是 5 的倍数，那么 n^4 除以 5 的余数都是 1。一般情况下，当 p 是素数时，如果 n 不是 p 的倍数，那么 n^{p-1} 除以 p 的余数都是 1。

$$n^{p-1} = 1 + (p \text{ 的倍数})$$

上述公式可以从"费马小定理"中推导出来。虽然"费马小定理"主张 p 能被 $n^p - n$ 整除，不过因为

$$n^p - n = n \times (n^{p-1} - 1)$$

所以如果 n 本身不是 p 的倍数，也就是说 n 不能被 p 整除的话，p 应该能被 $n^{p-1} - 1$ 整除。因此可以证明 $n^{p-1} = 1 + (p \text{ 的倍数})$。这有时也被称为"费马小定理"。

第 2 章和第 3 章中出现的 18 世纪数学家欧拉扩展了"费马小定理"。"费马小定理"可以计算除以素数 p 的余数，不过欧拉定理还考虑到 n 除以一般自然数 m 的余数。m 不一定是素数，不过除了 1 以外，n 和 m 没有共同的因子。也就是说，n 和 m 的最大公约数是 1。这个时候，n 和 m 是"互素数"。

与 m 互质的自然数 n 的数目记作 $\varphi(m)$，例如当 p 和 q 是不同的素数时，

$$\varphi(p) = p - 1$$
$$\varphi(p \times q) = (p - 1) \times (q - 1)$$

函数 $\varphi(m)$ 也被叫作欧拉函数。欧拉定理主张，假如自然数 n 与 m 互质，那么

$$n^{\varphi(m)} = 1 + (m \text{ 的倍数})$$

例如 $m = p$ 是素数的话，因为 $\varphi(p) = p - 1$，所以

$$n^{p-1} = 1 + (p \text{ 的倍数})$$

这也是"费马小定理"的内容。当 m 是素数时，欧拉定理也是"费马小定理"。

　　公钥密码使用了"m 是两个素数 p 和 q 的乘积"，即 $m = p \times q$。当 $m = p \times q$ 时，因为 $\varphi(p \times q) = (p-1) \times (q-1)$，所以如果素数 p 和 q 不能被自然数 n 整除，那么以下公式成立。

$$n^{(p-1) \times (q-1)} = 1 + (p \times q \text{的倍数})$$

　　假设给定两个素数 $p = 3$，$q = 5$，那么 $m = p \times q = 15$，$\varphi(3 \times 5) = (3-1) \times (5-1) = 8$。如果 n 与 15 互质，那么

$$n^8 = 1 + (15 \text{的倍数})$$

假设 $n = 7$，你可以试着代入公式验算。

　　使用欧拉定理可以发现数具有有趣的性质。例如因数分解类似 9、99、999 等由 9 构成的数时，可以证明不包括 2 和 5 的所有素数会在某处出现。详情请参考本书附录中的补充知识。

　　下一节要说明使用欧拉定理的密码，现在先提前准备一下。根据欧拉定理，如果素数 p 和 q 不能被自然数 n 整除，那么

$$n^{(p-1) \times (q-1)} - 1 + (p \times q \text{的倍数})$$

成立。即使进行 s 次方，因为 $1^s = 1$，所以

$$n^{s \times (p-1) \times (q-1)} = 1 + (p \times q \text{的倍数})$$

再乘以 n 的话，

$$n^{1 + s \times (p-1) \times (q-1)} = n + (p \times q \text{的倍数})$$

也就是说，对于任意数 n，只要素数 p 和 q 无法被整除，$n^{1 + s \times (p-1) \times (q-1)}$

除以 $p \times q$ 的余数依然等于 n。

接下来，我们将上述结果运用于公钥密码。

8　信用卡卡号 SSL 传输的原理

密码技术常用于网购、管理银行账号以及居民基本信息登记册等方面。SSL（Secure Socket Layer）指安全套接层协议，可对网络信息加密传输。在 Web 浏览器中输入 https://www.⋯的话，就是通过 SSL 发送或接收信息。

只要使用公钥密码，任何人都能对信用卡卡号等个人信息进行加密处理，并且在网络上发送加密的信息。但是，只有掌握了解密规则的接收者才能解读信息。

因为是罗纳德·李维斯特、阿迪·萨莫尔和伦纳德·阿德曼开发了 RSA 密码，所以其命名 RSA 由他们三人姓氏的首字母组合而成[①]。

RSA 密码的算法原理如下。

（1）密码的接收者（假设是亚马逊网站）为了设置公钥密码，选出 2 个数值较大的素数，记作 p 和 q。

（2）亚马逊网站再选一个自然数 k，为 $(p-1) \times (q-1)$ 的互素数。假如 $p=3$，$q=5$，因为 $(p-1) \times (q-1) = 8$，所以选择 8 的互素数，例如 $k=3$。

（3）亚马逊网站计算 $m=p \times q$，然后告诉你 m 和 k 的值。这就是公钥密码。不过，亚马逊网站不会告诉你 m 的质因数 p 和 q 分别是多少，只会告诉你这两个素数的乘积。假设代入刚才的例子，那么

---

① 据说英国政府代码及加密学校的后身英国政府通信总部也发现了公钥密码的概念，曾经还发明了类似 RSA 加密的算法，并将其作为国家机密。

$m = p \times q = 15$。因为 15 这个数太小，我们很容易推算出 15 的质因数是 3 和 5。但是，RSA 密码使用的数差不多有 300 位数，所以几乎不可能分解质因数。

（4）你将信用卡卡号等要发送的信息替换成自然数 n。不过 n 必须小于 m，而且 n 和 m 必须是互素数（因为 m 是有 300 位数的大数，所以不会太难）。

（5）你使用从亚马逊网站接收的密钥信息 (m, k)，对 n 进行加密处理。加密规则是计算 n^k，再用 n^k 除以 m 得到余数。将计算结果记作 α，即

$$n^k = \alpha + (m \text{ 的倍数})$$

将 α 作为密码，通过网络向亚马逊网站发送信息。

例如，$n = 7$，那么计算 7^3 除以 15 得到余数。因为 $7^3 = 343 = 13 + 15 \times 22$，所以 $\alpha = 13$。

（6）亚马逊网站收到密码 α 后，对 n 进行解密，将其恢复成原来的信息。

步骤（6）是 RSA 算法最关键的部分。亚马逊网站必须解决"有一个未知数 n，当 n^k 除以 m 得到的余数是 α 时，n 等于几"的问题。如果少了"计算除以 m 得到余数"这一步骤，答案的计算就非常简单。如果 $n^k = \alpha$ 的话，那么只要求出 α 的 k 次方根即可。

求普通数的 k 次方根时，可以不断接近正确答案。例如想要知道 $n^3 = 343$ 中 n 等于几，首先我们随便推测一个数 $n = 5$，计算得出 $5^3 = 125$，所以推测 n 会大于 5。那么加大数值推测 $n = 9$，计算得出 $9^3 = 729$，推测的 n 又太大了。n 的数值变大，n^3 也会随之变大，所以 $n = 5$ 太小而 $n = 9$ 又太大的话，正确答案就是介于两者之间。经过多次计算，最终会得到正确答案 $n = 7$。

然而，如果增加"除以 15，计算得到的余数"这一步骤，问题就

变得复杂了。因为除以 15 得到余数的话，15 除以 15 余数就变成 0，所以不管 n 变得多大，n^3 除以 15 得到的余数却不一定会变大。实际上，对于 15 的互素数 $n = 1, 2, 4, 7, 8, 11, 13, 14$，$n^3$ 除以 15 得到的余数等于 1, 8, 4, 13, 2, 11, 7, 14，看不出来数字排列中是否存在什么简单的规律。所以，即使知道"n^3 除以 15 得到的余数"，也很难计算出 n 的值。如果是类似 15 的"小数"，倒是可以一一验算，但是如果是 300 位数，便只能束手无策。

不过，亚马逊网站却能简单地解决这个问题。因为已知 m 是 p 和 q 的乘积，根据这条信息，就能判断出"幻数"r。r 是破解密码的关键。有一个未知数 n，而且知道

$$n^k = \alpha + (m\text{ 的倍数})$$

那么使用幻数 r 的话，

$$\alpha^r = n + (m\text{ 的倍数})$$

也就是说，可以从密码 α 中还原出原来的数 n。

例如当公钥密码的 $m = 15$，$k = 3$ 时，因为 $7^3 = 13 + (15\text{ 的倍数})$，所以对 7 加密后，$\alpha = 13$。然后你把该信息发送给亚马逊网站。此时，幻数 $r = 3$。亚马逊网站知道 $r = 3$，并在收到密码 13 后，计算其 3 次方即 $13^3 = 7 + (15\text{ 的倍数})$。因为对密码 13 进行 3 次方后再除以 15 得到的余数是 7，所以可以将加密的信息还原成加密前的信息，即 $n = 7$。

亚马逊网站是如何发现幻数 r 的呢？α 原本用来计算

$$n^k = \alpha + (m\text{ 的倍数})$$

所以代入幻数 r 后，得到

$$\alpha^r = n + (m\text{的倍数})$$

也就等于

$$\left(n^k\right)^r = n^{r\times k} = n + (m\text{的倍数})$$

我们再回想一下欧拉定理，如果 p 或 q 不能被 n 整除的话，那么

$$n^{1+s\times(p-1)\times(q-1)} = n + (m = p\times q\text{的倍数})$$

这两个公式非常相似。两者都是计算 n 的乘方，最终又回归到 n。因此，如果能够准确选择 r，得到 $r\times k = 1 + s\times(p-1)\times(q-1)$ 的话，密码自然迎刃而解。

在这个过程中，最重要的是 k 与 $(p-1)\times(q-1)$ 是互素数。此时，

$$r\times k = 1 + s\times(p-1)\times(q-1)$$

中的自然数 r 和 s 肯定存在。例如在刚才的例子中，$k=3$, $(p-1)\times(q-1)=8$，因为这两个数是互素数，所以假设 $r=3, s=1$，那么

$$3\times 3 = 1 + 1\times 8$$

如果用公式

$$n^k = \alpha + (m\text{的倍数})$$

计算密码 α，那么代入 r，即可得出

$$\begin{aligned}\alpha^r = n^{r\times k} + (m\text{的倍数}) &= n^{1+s\times(p-1)\times(q-1)} + (m\text{的倍数})\\ &= n + (m\text{的倍数})\end{aligned}$$

于是从 α 中求出 n，即成功解密。公式中的 r 就是亚马逊网站使用的幻数。

大数的质因数分解越复杂，破解 RSA 密码就越难。在现在已知的算法中，对 N 位数的自然数进行质因数分解需要花费的时间，相当于求关于 N 的指数函数。例如在 2009 年某个团队成功对 232 位的数进行了质因数分解，不过整个过程使用了几百台并行处理计算机，而且历时长达 2 年。如果能够发明一种算法缩短计算时间，比如耗时相当于计算 N 的乘方的话，仅靠使用公钥密码的 RSA 密码马上就会被破解，从而导致互联网经济陷入一片混乱。

其实理论上存在破解方法，不过暂时还没有实现。众所周知，如果人们成功制造出运用量子力学原理的"量子计算机"，对 N 位数的自然数进行质因数分解所需的时间就会缩短至相当于计算 N 的乘方所需的时间。1994 年，麻省理工学院的数学家彼得·秀尔通过对 N 位数的自然数进行 N^3 次计算后，发现了分解质因数的算法。不过，"量子计算机"还处在早期探索阶段。

另外，使用量子力学的原理还有可能发明另一种异于 RSA 密码的密码。如果使用"量子密码"，一旦中途出现密码被盗的情况，即使盗密者躲起来偷偷解读，也绝对会被发现。只要量子力学正确，密码就绝对不可能被盗。一旦"量子计算机"和"量子密码"中的任何一项技术成功获得重大突破，通信安全领域就会迎来巨大的变革。

本章中出现了有关素数有无穷个的证明、质因数分解唯一性的证明、"费马小定理"及欧拉定理。数学家深深地被奇妙的素数所吸引，单纯从探索之心出发，最后发现了以上定理。现在，这些定理还在互联网交易中发挥了核心作用，真是令人感慨万千。

1995 年，人类终于成功证明了近 4 个世纪都未曾证明的"费马大定理"，2003 年对于双子素数的证明又向前发展了一大步。1977 年，运用了欧拉定理的 RSA 密码问世，人们在 2002 年又发明了高效的素数检测法。自数学诞生起，人类用了几千年时间研究自然数，而且直至今日还在不断分析其性质、开发其应用。仍有无数的未解之谜。

　　19 世纪的美国思想家和诗人亨利·戴维·梭罗曾经说过："数学是诗，不过大部分还未被人诵读。"关于素数，想必以后还会有更多的诗为人诵读吧！欧拉定理被运用在 RSA 密码中，从而实现了互联网结算。有关素数的新发现也许会给我们今后的生活带来巨大的变化。

第5章
无限世界与不完备性定理

序 欢迎来到加州旅馆!

1976 年，美国的摇滚乐队"老鹰乐队"发行了专辑《加州旅馆》。这张专辑的主打歌将南加州一家虚构的旅馆作为故事的发生地。主人公在沙漠公路上驾驶，感觉疲劳的他走进了一家旅馆。旅馆门口的女服务员带他穿过走廊时，里面传来了说话声。

> 欢迎来到加州旅馆！加州旅馆拥有无穷间客房。您随时都可以入住。

经理（以下称为"经"）：欢迎来到加州旅馆！我是经理戴维·希尔伯特。本旅馆随时都有空房，因为我们拥有无穷间客房。您看走廊的前方，每间客房都标有房号，1，2，3⋯永无止境。您看起来很疲惫！我马上让客房部主管为您准备房间。

客房部主管（以下称为"主"）：经理，请您不要再轻易许诺说有多余房间了。今天客房已满，无法为客人办理入住。

经：你不用担心，把室内广播的话筒递给我。（拿起话筒）"不好意思打扰各位休息了。请1号房的客人搬到2号房，2号房的客人搬到3号房。"

主：1号房就变成空房了。

经：那么，就请这位客人入住1号房。加州旅馆的卖点就是保证您随时都可以入住①。

主：驶来了一辆旅游大巴，车身贴着"自然数旅行团"的标签。

经：你数一下来了多少客人。

主：1，2，3⋯，怎么也数不完。貌似所有自然数都来了，总共有无穷位客人。而且客房已满，如果只来1位或2位还可以想想办法，现在来了无穷位客人，客房肯定不够了。

经：你不用担心。又到了室内广播的时间。"不好意思打扰各位休息了。现在麻烦各位搬到偶数房间。请1号房的客人搬到2号房，2号房的客人搬到4号房。3号房的客人搬到6号房。"

主：1号房、3号房、5号房……奇数房间全部空出来了。

经：请大巴上的客人按顺序入住。第1位客人入住1号房，第2位客人入住3号房，第 n 位客人入住 $(2n-1)$ 号房。这

---

① 这段对话是1924年希尔伯特在哥廷根大学讲课时，为说明有限集合和无限集合的区别而使用的例子，被叫作"希尔伯特旅馆"。最近希尔伯特的讲义集出版了，我将一部分的译文放在了本书附录的补充知识中。

样一来，就能帮乘坐大巴的所有自然数客人安排房间。加州旅馆的卖点就是保证您随时都可以入住。

主：经理，又来了好几辆自然数旅游大巴。

经：你先数好大巴数。

主：1, 2, 3…，怎么也数不完。貌似来了无穷辆大巴。而且，每辆大巴内都坐着无穷位客人。客房肯定不够了。

经：你不用担心。按照到达旅馆的先后顺序给旅游大巴编号，1, 2, 3…，再播放与刚才相同的广播内容。

主：和刚才一样，奇数房间都空出来了。但是，也只够一辆旅游大巴的客人入住。

经：你不用担心。旅游大巴里的客人都有 2 个号码，一个是自己乘坐的大巴编号，一个是自己在大巴里的座号。例如，如果是 3 号大巴的第 5 名乘客，就记作 (3, 5)。

主：不过经理，1 号大巴的客人全部入住后，客房就全满了。

经：像你这样安排的话当然会住不下。首先，请客人们按我说的排队。

1号大巴	2号大巴	3号大巴	…
(1, 1)			
(1, 2)	(2, 1)		
(1, 3)	(2, 2)	(3, 1)	
…	…	…	…

主：麻烦客人们排一下队伍。请 2 号大巴的客人后退一步，3 号大巴的客人后退 2 步。

经：对了，等客人们排好队后，给他们发放新的号码牌。

1号大巴	2号大巴	3号大巴	⋯
[1]			
[2]	[3]		
[4]	[5]	[6]	
⋯	⋯	⋯	⋯

主：请按从前到后、从左到右的顺序传递号码牌。

经：这样一来，每位客人都能拿到号码牌。然后我们只要按照新的号码牌安排房间即可。刚才已经请之前入住的客人都搬到偶数房间，所以现在奇数房间都空出来了。那么，请 [1] 号客人入住 1 号房，[2] 号客人入住 3 号房，[n] 号客人入住 $(2n - 1)$ 号房。

主：即使来了无穷多辆大巴的客人，也能完美地安排他们入住。

经：加州旅馆的卖点就是保证您随时都可以入住。

主：又来了一辆大巴，是有理数旅游团。

经：你不用担心。加州旅馆随时都有房间。

主：这次来的客人是分数。

经：所有的分数都来了吗？

主：是的。仅 1 和 2 之间的分数就有无穷个，看起来比旅馆的房间还要多，能住得下吗？

经：你不用担心。刚才拿着大巴编号和座位编号 2 个数字的客人都已经顺利入住了。

主：是的，给这些客人发放了新的号码牌，例如 $(1, 2)$

换成 [**2**]，(2,3) 换成 [**8**]，然后让他们按照新号码牌先后办理了入住。

经：只要把分数看成 2 个数组成的数对就好了。例如客人 1/2 就是 (1,2)，给他发放 [**2**] 号，客人 2/3 就是 (2,3)，给他发放 [**8**] 号。然后按照刚才的方法安排他们入住。

主：不过 1/2 = 2/4，客人 1/2 拿到的是 [**2**] 号，而客人 2/4 拿到的却是 [**12**] 号。说起来，1/2 = 3/6 = 4/8 = 5/10 = ⋯，所以重复的客人太多了。

经：那就把重复的房间空出来。

主：这家旅馆太厉害了。分数客人全部成功入住，而且还有空房。

经：时间不早了，我先去休息了。剩下的就交给你处理了。

主：（原来如此！不管来多少客人，只要给他们分配号码牌就可以了。如果我能处理好，经理一定会对我刮目相看。客人们快点来吧！）

导游（以下称为"导"）：这么晚还来打搅你们，真是不好意思。我是实数旅行团的导游。

主：终于有客人来了。欢迎来到加州旅馆！

导：旅行团的客人都是实数。

主：实数在第 2 章中出现过。除了 1、2、3 等自然数，还包括 1/2、2/3 等分数，以及 $\sqrt{2}$、π、e 等无理数。

导：接下来允许我稍微解释一下，就是您可以把实数看成是直线上所有点相对应的数。可不可以安排所有实数客人入住贵旅馆呢？

主：好的，我来处理。本旅馆随时都有空房，因为我们拥有无穷间客房。刚才分数客人们入住后，还剩下很多空房。

那么，接下来我先给各位客人发放号码牌。

次日早晨

主：经理，不好了。公正交易委员会的审查官格奥尔格·康托尔大驾光临了！

经：哎呀！康托尔，您来有何贵干？

审查官（以下称为"审"）：我们接到投诉说这家旅馆的广告骗人。听说你们到处宣传旅馆随时都有空房。

经：确实如此。昨晚我们安排了所有自然数客人和分数客人顺利住入住了本旅馆。

审：不过我们收到消息，实数客人中有一部分并没有分到房间。

经：（质问客房部主管）我问你，实数旅行团的客人昨晚也来了？

主：没问题的，我都处理好了。我给所有客人发放了自然数的号码牌，然后按顺序给他们分配了房间。要不然我去拿入住登记簿给您过目？

审：我没有那么多时间看完所有的登记情况，把从 0 到 1 的客人入住情况拿过来，我来检查一下分配得合不合理。

主：按照房号从小到大排列，就像这样。

$$0.24593\cdots$$
$$0.75307\cdots$$
$$0.81378\cdots$$

审：嗯，看一眼，就知道有部分客人没有分到房间。

主：什么？哪位客人没有房间？

审：首先，依次圈出登记簿上所登记的客人的小数点后的数字，就像这样。

0.0②4593…

0.75⑤307…

0.813⑦8…

圈出的数字依次是 2, 5, 3，那么接下来你随便选出 1 个不是 2 的一位数、1 个不是 5 的一位数和 1 个不是 3 的一位数。

主：那 7、8、1 可以吗？

审：当然可以。用 7、8、1 重新组合成一个数 0.781，这个新数没有与住在刚才那三个房间里的客人重叠。

主：小数点后的第 1 位数是 7，与第一个房间客人的第 1 个数字 2 不同，小数点后的第 2 位数是 8，与第二个房间客人的第 2 个数字 5 不同……没错，新数没有与之前的客人重叠。

审：只要依次重复登记簿上所登记的数字，可能会发现不同于已登记客人的新数字。这些新数字的客人就没有分到房间，也就是说肯定有客人没能顺利入住。

主：您所言极是。非常抱歉！是我没有分配好号码牌。如果我都分配好，所有客人肯定都能顺利入住。

审：你没必要袒护你们经理。如果所有实数都来了的话，不管怎么分配，都会有部分客人没有房间。你们经理应该知道，你们旅馆没办法让实数旅行团的所有客人都顺利入住。

经：真的非常抱歉！我从来没有想过，所有实数的客人会同时来到我们这个偏僻的地方。

审：这次我就放过你们，不过赶紧把广告给换了。既然你们让自然数和分数的客人都顺利入住了，那就改成"少于所有实数的小旅行团随时都能入住",你们觉得如何?

　　经:虽然很拗口,但也只能这样了。

一年后

　　主:经理,您听说了吗?康托尔审查官被降职了。

　　经:他犯了什么事?

　　主:好像是他一发现能保证所有自然数和分数入住,却不能确保所有实数入住的旅馆,就要求对方把广告改成"少于所有实数的小旅行团随时都能入住"。

　　经:他当时也这样要求我们。可是,为什么他会因此被降职了呢?

　　主:在康托尔审查官的要求下,某家旅馆也换了广告。这家旅馆接待了哥德尔－寇恩旅行团,虽然客人比实数少,但结果还是有一部分客人没能顺利入住。于是要求更换广告的公正交易委员会就被人告上了法庭。

　　我们的脑细胞是有限的,生存时间也是有限的,按理说本来只能思考有限的事物。但是,我们能在数学中讨论无限。一位先驱者就是19世纪德国的数学家格奥尔格·康托尔。康托尔发明了我们在学校曾经学过的"集合"概念,还提出了比较集合大小的方法。如果集合的要素(元素)的数量是有限的,那么只要数清楚元素的数量,就能比较集合的大小。不过,如果集合的元素是无限的,该怎么比较呢?

　　康托尔认为,只要将2个集合中的元素一一对应,就能发现2个集合的大小相同。如果是有限集合,只有元素数量相等,才能做到一一对应。这同样能运用于无限集合中。

　　例如,自然数集合和偶数集合之间也存在一一对应关系,如下所示:

$$1 \leftrightarrow 2, \ 2 \leftrightarrow 4, \ 3 \leftrightarrow 6, \cdots$$

只要像这样对应即可。也就是说，让自然数 n 与偶数 $2 \times n$ 相对应。之前说过加州旅馆客满时，让已入住的客人全部搬到偶数房间，这个时候使用的就是上述对应关系。

而且，自然数集合和分数集合之间也存在一一对应关系。该对应关系出现在给有理数旅行团的客人们发放自然数的号码牌时。虽然这个过程中会出现重复现象，但只要填满重复的部分，也能做到一一对应。

$$1 \leftrightarrow 1/1, \ 2 \leftrightarrow 1/2, \ 3 \leftrightarrow 2/1, \cdots$$

但是，康托尔发现了自然数集合和实数集合之间无法做到一一对应。假设存在

$$1 \leftrightarrow 0.24593, \ 2 \leftrightarrow 0.75307, \ 3 \leftrightarrow 0.81378, \cdots$$

等对应关系，还是能找出与箭头右边的数完全不同的新数，比如 0.781。寻找新数时，先依次圈出以下几个数字：

$$0.\textcircled{2}4593 \cdots$$
$$0.7\textcircled{5}307 \cdots$$
$$0.81\textcircled{3}78 \cdots$$

然后再随意挑选除 2、5、3 以外的数，例如 7、8、1。将这选出的三个数组合在一起，就得到新数 0.781。我们发现对应表中并没有出现 0.781。所以，不管如何对应自然数和实数，总是有一些实数会被遗漏。这种排列实数，斜向观察小数点后数字的议论方法被称作"对角线论法"。

也就是说，自然数集合和分数集合的大小差不多，不过二者都比实数集合小。那么无限集合之间也存在大小关系。康托尔甚至还发现

存在比实数集合更大的集合，以及无限集合中有无限的阶层。

康托尔的研究引起了很大的争论，其中大多数的数学家持批判态度。特别是德国数学界的权威人士、柏林大学的教授克罗内克，当时他是批判康托尔的急先锋。克罗内克有句名言"上帝创造了整数，其余都是人做的工作"，所以他所认为的数学是处理类似自然数等数的有限存在。在克罗内克看来，康托尔的数学已远超出研究实数这种"人做的工作"，他把所有自然数和实数看作无限集合，而且对其比较大小，克罗内克非常讨厌这种人为的数学。

面对克罗内克的批判，康托尔用了一句名言来反驳，"数学的本质是自由"（Das Wensen der Mathematik ist ihre Freiheit）。在古巴比伦和古埃及，人类为了测量土地而发明了几何学。后来，牛顿为了确立力学定律而发明了微积分，可以说人类为了理解这个世界而不断发展数学。但是，到了 19 世纪，出现了一种为了数学本身而研究数学的想法。只要理论上符合逻辑，任何方面都可以作为研究对象。于是数学脱离了外部世界，成为一个独立的个体，进而发展成一门凭借学者思想的翅膀自由飞翔的"自由"学科。在现在的纯粹数学中，康托尔的想法再正常不过了，然而在 19 世纪却被视为异端。

德国哥廷根大学的教授戴维·希尔伯特高度赞扬了康托尔的功绩，并宣称："康托尔创建的数学天堂，不会驱逐我们任何一个人。"

1900 年国际数学家大会于巴黎召开，希尔伯特在大会上提出了 23 个问题，其中的大多数问题给 20 世纪的数学发展带来了巨大的影响。特别是第一个问题，即证明或否定康托尔的猜想"不存在大于自然数集且小于实数集的集合"。康托尔的这个猜想也是著名的"连续统假设"。

希尔伯特的第一个问题以一种意想不到的方式得到了解决。20 世纪初期出生于奥匈帝国的库尔特·哥德尔因在 1931 年证明了"不完备性定理"而闻名于世。他在第二次世界大战期间逃离了纳粹德国，移民到了美国。1940 年，在他刚刚任职于普林斯顿高等研究院时，指出康托尔的"连续统假设"与现在数学所使用的标准框架并不矛盾。然而在1963 年，斯坦福大学的保罗·寇恩在否定连续统假设的情况下证明了其与数学所使用的标准框架并不矛盾。

我们发现，结合哥德尔定理和寇恩定理都无法证明连续统假设是否正确。不管是肯定还是否定，在数学的世界里都不会产生悖论。也就是说，我们可以认为存在"大于自然数集且小于实数集的集合"，也可以认为不存在"大于自然数集且小于实数集的集合"。就像在前面提到的"加州旅馆"的世界里，就存在"大于自然数集且小于实数集的集合"。

在无限的森林里，存在太多超出我们直觉的、奇妙的，甚至自相矛盾的事物。因为我们本身就是有限的存在，所以还不习惯用直觉去理解无限的事物。对于有限的我们来说，需要借助数学的语言来正确理解无限。接下来，让我们借助数学的翅膀去俯瞰无限的森林。

1　$1 = 0.99999\cdots$ 让人难以接受？

用小数表示数时，经常会出现小数点后排列着无穷个数字的情况。例如 1 除以 3，得到

$$1 \div 3 = 0.33333\cdots$$

0.后面跟着无穷个3。接下来，我们来思考一下"无限小数"。

在第 2 章中，我们已经说过除法运算是乘法运算的逆运算。除以3 就是乘以 3 的逆运算。那么，

$$1 = (1 \div 3) \times 3$$

然后计算等号右边的式子，

$$(1 \div 3) \times 3 = 0.33333\cdots \times 3 = 0.99999\cdots$$

因为等号左右两边相等，所以

$$1 = 0.99999\cdots$$

成立。上述等式是由"除法运算是乘法运算的逆运算"的定义中推导而出的，按理说应该是正确的。不过，很多人无法接受这个等式。左边的 1 和右边的 $0.99999\cdots$ 看起来就不一样，竟然能画上等号，真是太不可思议了。

既然无法接受 $1 = 0.99999\cdots$，那么这两个数的差又等于多少呢？使用加法运算和减法运算的基本法则，如果 $a - b = 0$ 的话，那么 $a = b$。假设 $1 - 0.99999\cdots = 0$，那么必须承认 $1 = 0.99999\cdots$。不过，如果假设 $1 - 0.99999\cdots$ 不等于 0 的话，结果又会是什么样的呢？这个时候，问题就变成了 1 和 $0.99999\cdots$ 的差到底等于多少。

$0.99999\cdots$ 这个无限小数的表示方法有点太麻烦了。"$\cdots$"到底指的是什么？作为有限存在的我们当然无法一次性理解带有无穷个数字的无限小数。那么，我们先来理解一下 0.9、0.99、0.999、0.9999 等有限小数。这种数字排列方式称为"数列"。接下来计算以上数列和 1 的差。

$$1 - 0.9 = 0.1 = \frac{1}{10}$$

$$1 - 0.99 = 0.01 = \frac{1}{100}$$

$$1 - 0.999 = 0.001 = \frac{1}{1000}$$

$$1 - 0.9999 = 0.0001 = \frac{1}{10000}$$

$$1 - 0.99999 = 0.00001 = \frac{1}{100\,000}$$

我们可以发现，数列越长，右边的数值就越趋近于 0。也就是说，1 和 0.99999 $\cdots$ 的差小于任何正数。

数列越长，其数值就越趋近于 1，而且和 1 的差就越小。例如，这个数列的第 4 位数不管取哪个数，该数列和 1 的差都会小于 1/1000。要想提高精确度，使其和 1 的差小于 1/1 000 000 的话，只要关注第 7 位数即可。不管要求的精确度有多高，从第某位数起取任意数都能满足所要求的精确度。

在数学中，定义非常重要。特别是在思考我们直觉上无法理解的无限时，定义显得尤其重要。进入 19 世纪以后，数学家深入研究无限时，发现有必要正式给"极限"下一个定义。假设已知数列 $a_1, a_2, a_3, \cdots$ 不断趋近于某个数 A。此时，不管要求的精确度有多高，从第某位数起取任意数都能满足所要求的精确度，这就叫作"这个数列的极限是 A"。这就是"极限"的定义。

例如数列 $0.9, 0.99, 0.999, \cdots$ 看起来不断趋近于 1。不管要求的精确度有多高，n 以后的数 $a_n, a_{n+1}, a_{n+2}, \cdots$ 和 1 的差都满足所要求的精确度。所以 $0.9, 0.99, 0.999, \cdots$ 的极限是 1。这就是算式"$0.99999 \cdots = 1$"中包含的意思。

2 阿喀琉斯永远追不上乌龟？

把无限小数理解成有限小数的极限确实有些令人难以接受。不过，因为我们是有限的存在，所以无法一次性把握无限的含义。首先从有限开始思考，然后理解有限的极限。自古以来，思考无限的过程中总会伴随着各式各样的悖论，上一节中提到的等式 $1 = 0.99999\cdots$ 就是其中一个例子。

完全不同的两个数相等看起来矛盾，不过从数列的极限来思考"$\cdots$"的含义时，我们发现这个等式成立并不奇怪。在 $1 = 0.99999\cdots$ 这个等式中，随着数列 $0.9, 0.99, 0.999, \cdots$ 小数点后位数的增加，这个数列就不断趋近于 1。

为了更深入地理解无限和极限，我们来讲一下芝诺提出的悖论。芝诺是公元前 5 世纪的哲学家，他当时居住在现在的意大利那不勒斯南部的小镇上。据说他是辩证法的创始人。辩证法指的是通过明确指出哪里存在不同意见，从而建立对事实的认识。《柏拉图对话集：巴门尼德》中提到，当芝诺及其老师巴门尼德访问雅典时，年轻的苏格拉底去听了芝诺的课，学会了辩证法。

芝诺为了揭示人们对当时的哲学家活动没有给予充分的理解，从而提出了许多悖论，"阿喀琉斯追龟"就是其中比较有名的悖论之一。

阿喀琉斯是荷马史诗《伊利亚特》里的主人公，个人特长是跑得快。乌龟肯定追不上他的速度，不过为了方便理解，假设阿喀琉斯的速度是乌龟的 2 倍。阿喀琉斯和乌龟赛跑，因为阿喀琉斯跑得很快，所以给乌龟一个优先条件，让它从 1 千米处开始跑。

芝诺认为阿喀琉斯无法追上乌龟。阿喀琉斯跑了 1 千米，终于跑到乌龟开跑的起点时，跑步速度等于其速度一半的乌龟又向前跑了

$1/2 = 0.5$ 千米。于是，阿喀琉斯又追着乌龟跑了 0.5 千米，此时乌龟又向前跑了 $1/2^2 = 0.25$ 千米。然后阿喀琉斯继续跑了 0.25 千米，此时乌龟又向前跑了 $1/2^3 = 0.125$ 千米。不管阿喀琉斯怎么追赶，乌龟永远跑在阿喀琉斯的前面。

将"阿喀琉斯到达乌龟所在处 → 乌龟又跑了一半距离"的过程记作 1 次，重复 n 次后，乌龟与它开跑的起点之间的距离是多少？第 n 次时乌龟只跑了 $1/2^n$ 千米。那么，乌龟全程跑的距离是第 1 次到第 n 次距离之和，即

$$a_n = \frac{1}{2} + \frac{1}{2^2} + \cdots + \frac{1}{2^n}$$

运用第 4 章中的数学归纳法，可以证明 a_n 可记作

$$a_n = 1 - \frac{1}{2^n}$$

n 的数值越大，$1/2^n$ 的数值就越小，a_n 就越趋近于 1。所以，当这个过程重复无限次后，最终乌龟只跑了 1 千米。因为阿喀琉斯的速度是乌龟的 2 倍，所以他全程跑了 2 千米。乌龟在起跑时得到一个优先条件，所以当乌龟跑了 1 千米，同时阿喀琉斯跑了 2 千米时，阿喀琉斯追上了乌龟。然后阿喀琉斯赶超乌龟，一直跑在乌龟前面。也就是说，阿喀琉斯能追上并赶超乌龟。

芝诺当然不是真的认为阿喀琉斯追不上乌龟。芝诺提出这个悖论的初衷是想说明有限的距离，即使是乌龟跑的 1 千米，也能被分割成无限的间隔。

古希腊的数学家认为，线段的长度存在一个最小单位，所有的长度都能以此为单位进行测量。从德谟克利特的原子论"原子是所有物质的基本单位"来看，这再正常不过了。既然长度存在最小单位，那么所有线段的长度就等于这个最小单位的自然数倍。

那么，所有线段之比应该都能用分数来表示。我们在第 2 章第 7 节中讲过"正方形的对角线和边长之比 $\sqrt{2}$ 无法用分数来表示"，这一发现之所以在当时具有冲击性，就是因为它与上述信念相矛盾。有限的距离也能被分割成无限的间隔，芝诺的这个悖论恰好说明了长度不存在最小单位。

因为古希腊的数学家重视严谨的推论，所以他们选择不去直接研究无限。但是，中世纪经院神学的盛行推动了抽象议论法的发展，人们开始不再抗拒追求理论的极限。之后，欧洲摆脱了中世纪，迎来文艺复兴，人们重新开始去挑战无限。再后来，17 世纪的牛顿和莱布尼茨发现了微积分。在 18 世纪至 19 世纪期间，许多数学家运用无限展开严谨的数学讨论。

3 "我正在说谎"

19 世纪，数学家不断阐明无限的性质，于是重新思考数学的基础也变得至关重要。当时是以欧几里得的几何学作为标准的。欧几里得从"经过两点可以作一条直线""所有直角都相等"等 5 条公设出发，根据理论的推论，分析了几何图形的性质。这种作为推论基础的公设被称作"公理"，公理的集合又被称作公理系统。然而，欧几里得的几何学并不完善。例如欧几里得将点定义为"点是没有大小的图形"，而从现代数学的观点来看，这根本不算是定义。此外，公理也缺乏严密性。因此在 1898 年到 1899 年期间，希尔伯特在哥廷根大学授课时，深入研究了欧几里得几何学的公理，并综合了课堂讲义，出版了著作《几何基础》，从而完成了更加精细的公理系统，并且证明了"运用数的概念"与希尔伯特完善的公理系统并不矛盾。那么，下一个出现的问题就是"数学世界是否存在矛盾"。

希尔伯特不仅针对欧几里得几何学，他的宏大计划是给包含数学体系在内的整个数学领域奠定基础。

在当时，对于数学世界，数学家尝试建立以公理为基础的数学系统。例如意大利的数学家皮亚诺为了定义自然数，提出了 5 条公理。自然数从 1 开始，可以确定后一个数是 2，再后一个数是 3，以此类推。系统地定义自然数的公理被称作"皮亚诺公理"。

皮亚诺公理的第 1 条到第 4 条决定了从 1 开始按顺序找出自然数的方法。可以说皮亚诺公理定义了自然数集合。第 5 条公理证明了"数学归纳法"可以用于自然数集合。

在第 4 章中证明"费马小定理"时，我能使用了数学归纳法，并且还理所当然地认为"可以像推翻多米诺骨牌一样连续证明"。其实使用数学归纳法的前提是必须假设其为定理。

自然数的公理系统是否存在矛盾？我在本章的序中提过，希尔伯特在 1900 年提出了 23 个问题，第一个问题就是证明康托尔的"连续统假设"，而第二个问题是"证明在算术的公理系统中不存在矛盾"。

希尔伯特原来一直认为数学是为了创造探索自然的工具。然而，他又提出了一个有关数学研究的新方向，即将数学的公理系统本身作为数学的研究对象，并称之为"元数学"。当然，元数学必须基于某个公理。因此，希尔伯特提出使用公理系统本身来证明公理系统的相容性，即基于公理的推论不存在矛盾。"希尔伯特第二问题"要求对于数学体系进行证明。

不过，对自己开展理论性推论是非常危险的行为。从古希腊时期起，总能指出许多"自我指涉引发的悖论"。

以下是公元前 4 世纪的哲学家欧布里德提出的一个悖论。

"我正在说谎。"

这个命题本身就自相矛盾。命题 A 存在"矛盾"意味着可以推导出与命题 A 不同的命题 B，以及否定命题 A 的否定命题 B。假设欧布里德的命题是 A，那么可以推导出 B："欧布里德正在说谎。"但是，因为欧布里德正在说谎，所以命题 A 本身也是谎言，从而可以推导出否定命题 B："欧布里德没有在说谎。"因此，欧布里德的命题自相矛盾。这就是"自我指涉引发的悖论"[1]。

自我指涉引发的悖论很容易解决，只要将其理解成"无意思的命题"即可。例如谁都会读"我正在说谎"这句话，但是这句话并不符合逻辑。悖论带给我们的教训就是，含有自我指涉意味的句子其实不含任何意思。

这看起来好像是文字游戏，不过关系到著名的"哥德尔不完备性定理"。古希腊的悖论在两千年后给希尔伯特的宏大计划带来了致命的打击。

4 "不在场证明"与"反证法"

自我指涉引发的悖论导致希尔伯特的宏大计划无法执行，在解释其原因之前，我们首先来了解一下"反证法"。

据说辩证法的创始人芝诺从他的老师巴门尼德那里学到了辩证法的基础，即"排中律"。排中律指的是所有命题不是"正确"的就是"错误"的，只能二选一。反证法是使用排中律来证明数学定理的方法。在《柏

---

[1] 自我指涉并不一定都引发悖论。例如现代的信息处理技术就有效地使用了自我指涉。举一个古希腊时期的例子，公元前7世纪的哲学家埃庇米尼得斯在赞扬宙斯的诗中写道："克里特人常说谎话，乃是恶兽，又馋又懒。"其实埃庇米尼得斯自己也是克里特人，所以这是自我指涉，却不是悖论。根据诗中所言，埃庇米尼得斯自己也常说谎话。因此假设"常说谎话"是谎言，那么意思是"偶尔会说真话"。如果虽然偶尔也会说真话，不过现在撒谎宣称"常说谎话"的话，就不存在矛盾。

拉图对话集：巴门尼德》中，苏格拉底听完芝诺的课后，开始同芝诺和巴门尼德争辩。当时芝诺用的就是反证法。

在证明某个定理时，先故意假设这个命题是错误的。只要从假设中推出矛盾，就说明"错误"的假设本身并不正确。因为命题不是"正确"的就是"错误"的，所以既然否定了这个命题却推出其存在矛盾，那么这个命题就是正确的。这就是反证法的理论。

反证法常用于推理小说或案件调查中的"不在场证明"。不在场证明是指犯罪发生时嫌疑人在别处的证据。为了证明"嫌疑人无罪"，先假设"嫌疑人犯了罪"。然而，如果嫌疑人有犯罪时身在别处的证据，那么这个假设就存在矛盾。因此说明嫌疑人没有犯罪即无罪，这就是不在场证明。

5　哥德尔不完备性定理

希尔伯特原本计划证明数学体系的相容性，构建整个数学领域的基础。不过，这个计划是一个严峻的工程。希尔伯特在巴黎的国际数学家大会上提出了 23 个问题，在那 30 年后的 1930 年，德国自然科学及医学联合会在哥尼斯堡（今俄罗斯的加里宁格勒）召开。希尔伯特通过广播在大会上发表演讲，以下是其演讲的结束语。

> 我们不能相信那些用哲学表达或傲慢语气告知我们文明衰微或不可知论的人。世上不存在不可知的事物，我认为自然科学不可能存在不可知。对于愚蠢的不可知论，我提倡：我们必须知道，我们必将知道。

最后一句话"我们必须知道，我们必将知道"(Wir müssen wissen. Wir werden wissen.)还被刻在了哥廷根的希尔伯特墓碑上。

然而，在联合会召开的前一天，库尔特·哥德尔却在分会上证明了希尔伯特的计划无法执行。这就是著名的"不完备性定理"。这条定理有两个版本，首先来看第一个版本。

第一不完备性定理：任意一个包含自然数及其算术运算在内的公理中，当这个公理无矛盾时，对于自然数都存在一个命题，它在这个公理中既不能被证明也不能被否定。

哥德尔不完备性定理是 20 世纪最重要的数学成果之一，我想很少有数学定理会像不完备性定理一样被人误读。不过，证明的思路却并不复杂。

为了更好地解释不完备性定理的证明过程，我们先来讲一下计算机程序中的"停止问题"。这个问题是不完备性定理转换成计算机语言后的产物，所以更加简明易懂。

1936 年，计算机尚未进入实际应用阶段，英国的阿兰·图灵提出了理想的计算机器。图灵曾经为破译第 4 章出现的德军密码机"恩尼格玛"做出了贡献。这台被称为"图灵机"的理想计算机器按照一定规则处理写入磁带的符号。现在我们所使用的计算机的基本操作沿用了图灵机的原理。

什么是"停止问题"？在运行计算机程序时，我们最在意的是距离计算结束还有多少时间。也有一种可能是计算进入无限循环，因而永远不会完结。程序停止问题是指"是否存在一种程序，不需要实际运行，通过有限的步骤，就能判定运行的程序是否会在有限的时间内停止并计算出答案"。

图灵证明了停止问题的答案是"否"，即不存在一种程序能判定程序是否会停止。图灵也使用了反证法来证明这个定理[①]。

---

① 在数学逻辑中，这个证明方法称作"否定肯定律"，从而区别于"狭义反证法"。但是，因为在日本高中的学习大纲中，狭义反证法和否定肯定律被统称为（广义）反证法，所以本书也称之为反证法。

[开始证明]　使用反证法，假设"存在能判定停止的程序"。所以在输入别的程序 P 时，这个程序会提醒我们 P 是否会停止。如果存在能判定停止的程序，那么就可以创建新程序，即当输入 P 时，

（1）如果判定 P 会停止，那么继续运行；

（2）如果判定 P 不会停止，那么停止运行。

虽然有点奇怪，但只要存在能判定停止的程序，就可以创建上述新程序。

如果把这个程序本身输入该程序内又会怎么样呢？如果判定结果是该程序会停止，那么必须按照（1）继续运行。但是继续运行的话，那么必须按照（2）停止。因为二者相互矛盾，所以不可能创建这样的程序。[结束证明]

这无疑就是自我指涉引发的悖论。图灵的证明表明了"存在能判定停止的程序"的命题暗含自我指涉。如果存在能判定停止的程序，那么当然也能判定该程序本身是否会停止。这个命题与"我正在说谎"悖论存在相同的矛盾。所以，证明的要点在于根本不可能存在能判定停止的程序。

当然，也许存在个别特定程序能判定是否会停止。例如，有些程序结构简单，可以一眼作出判定。而且也有程序运行后确实停止的情况。但是，如果程序运行后一直不停的话又会怎么样呢？因为必须在有限的时间内停止，所以不可能一直等着。图灵定理认为，不存在一种程序能判定所有程序是否会停止。

按照上述定理，可以证明哥德尔第一不完备性定理，即"对于自然数都存在一个命题，它在这个公理中既不能被证明也不能被否定"。这里我们又要用到反证法。

[开始证明] 假设第一不完备性定理不正确。那么，所有对于自然数的命题都能被证明或者被否定。图灵机处理的对象是写入磁带的符号，因此程序是否停止这个问题可以解释为处理自然数的命题。那么，可以证明或者否定命题"程序会停止"。因此，如果将这个步骤替换成程序的话，相当于能创建判定停止的程序。因为不存在能判定停止的程序，所以该命题自相矛盾。由于矛盾是从"第一不完备性定理不正确"的假设中推导而出的，因此证明了该定理。[结束证明]

也许你会觉得好像扑了个空，不过这就是证明第一不完备性定理的概要。命题"对于自然数的任何命题既不能被证明也不能被否定"和命题"我正在说谎"一样，都陷入了自我指涉引发的悖论中。

希尔伯特在哥尼斯堡的演讲中提到命题"自然科学不可能存在不可知"中包含了"在数学中，所有命题不是正确就是错误"的理念。但是，这个理念已经被哥德尔的第一不完备性定理所击破。而且，哥德尔的破坏力不仅限于此。

稍微修改图灵定理的证明方法（具体的方法此处就省略了），可以证明以下定理。

第二不完备性定理：任意一个包含自然数及其算术运算在内的公理中，当这个公理无矛盾时，它的无矛盾性不可能在这个公理系统内得到证明。

"包含自然数及其算术运算在内的公理系统不存在无矛盾"这个命题本身可以替换成自然数的语言。第一不完备性定理表明"对于自然数，都存在一个命题，它在这个公理中既不能被证明也不能被否定"，第二不完备性定理表明命题"公理系统不存在矛盾"是第一不完备性定理的一个例子。所以，这也证明了希尔伯特想通过公理本身证明数学体系相容性的计划终究无法实现。

　　哥德尔不完备性定理因其深奥的内容经常遭到误解。批判后现代主义滥用科学的亚兰·索卡和尚·布里克蒙在著作《知识的骗局》中写道："哥德尔定理正是知识滥用的源泉。"接下来解释一下常见的误解。

　　第一不完备性定理并不是主张无法证明自然数的定理，它只不过强调无法证明所有定理。实际上，许多对于自然数重要的定理得到了证明。

　　而且还出现为了"即便是真理，有时也无法得到证明"的错误引用。这个定理并不是在说不能在绝对意义下辨别真伪，而是强调在"一个公理系统"中无法判定真伪。虽然无法在某个公理系统中得到证明，有时却能使用其他公理系统加以证明。例如，安德鲁·怀尔斯（在理查德·泰勒的帮助下）证明了"费马大定理"，不过这个证明过程运用了现代数学的高级手法，仅仅依靠自然数的初等算术运算根本不可能完成证明。

　　第一不完备性定理和第二不完备性定理均假设公理系统无矛盾，特别是在第二不完备性定理中，它一方面假设公理系统无矛盾，另一方面却主张无法证明该公理系统的无矛盾性，听起来确实有点奇怪。不过，先提出一个矛盾的假设，然后就能证明任何命题。例如可以在整数的范围内推导出 $1 \neq 0$，那么在此基础上假设 $1 = 0$ 的话，这个假设本身就自相矛盾。根据这个假设，可以证明任何等式。例如，我们试着证明一下 $125 = 91$。因为 $125 - 91 = (125 - 91) \times 1 = (125 - 91) \times 0 = 0$，所以只要在等式两边同时加上 91，就得到 $125 = 91$。如上所示，从存在矛盾的公理系统也能推导出任何命题。这也是不完备性定理假设公理系统无矛盾的原因所在。

　　第二不完备性定理并不是主张数学系统存在矛盾，它只不过强调在有限的步骤中仅仅使用该公理无法证明公理的相容性。实际上，我认为真正担心自然数公理中存在矛盾的数学家少之又少。

证明某个公理系统的无矛盾性需要思考更大的公理系统。如果存在更大的公理系统，能够证明某个公理系统无矛盾性的话，可以说这个更大的公理系统比原来的公理系统更"强"。一般情况下很难判定两个给定的公理系统是否属于相同级别。但是，如果是两个满足不完备性定理条件的公理系统，并且使用其中一个公理系统可以证明另一个公理系统的无矛盾性的话，就说明其中存在"强弱"关系，从而表明这两个公理系统并不属于相同级别。不完备性定理还有上述作用。

不完备性定理是对于自然数体系的见解，拥有完备且无矛盾的公理系统。例如，实数的加法运算和乘法运算中不存在矛盾。不过在实数的范围中，如果要给作为其中部分集合的自然数下定义的话，在这个理论之内无法证明自身不存在矛盾。所以，不完备性定理是对于包含自然数在内的理论的限定性见解。我们有时会听到有人说"哥德尔定理表明了我们的知识是不确定的"，其实这个定理并不具有这种普遍性的意义。

话虽如此，因为自然数是数学的基础之一，所以哥德尔的定理还是具有很大的影响力。在数学中，从少数公理中证明多数定理十分重要。对于自然数，我们可以想到无穷个定理。然而，由有限的数学语言所表示的公理无法证明所有定理。不完备性定理告诉了我们一个事实：我们是有限的存在。

我要参加自然数旅行团。

那住旅馆时随时都能顺利入住。

第6章
测量宇宙的形状

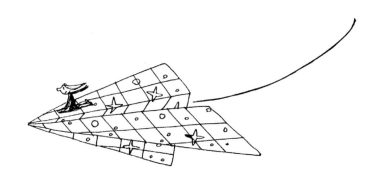

序　古希腊人如何测量地球周长？

　　在古希腊和古巴比伦，人们为了测量土地而开始研究几何学。英语单词 "geometry"（几何学）来自于古希腊语的 "$\gamma\epsilon\omega\mu\epsilon\tau\rho\acute{\iota}\alpha$"（geometria），其中 "$\gamma\epsilon\omega$"（geo）意味着 "土地"，"$\mu\epsilon\tau\rho\acute{\iota}\alpha$"（metria）意味着 "测量"。因为尼罗河每年洪水泛滥，所以人们每年都要重新测出被洪水淹没的土地地界以方便征税。在这个过程中，人们对于图形面积的计算方法和角度关系的理解变得更加深刻。在建造城堡、金字塔等建筑物时，人们也运用了几何学。例如第 2 章中提到的《莱因德纸草书》中记载了各种平面图形面积及立体图形体积的计算方法。

　　古希腊人整理了人类发展史上不断积累的知识，确立了现在基本的数学方式，即根据理论从一组公理中推导出定理。当数学脱离了测量土地等具体问题，成为一个抽象的思考对象时，其本身的应用范围也随之扩大。古希腊人还试图通过几何学去观察人类无法触碰的宇宙的形状。

古希腊人知道地球是一个球体。他们有 3 个判定依据。

（1）去远方旅行时，目的地不同，看到的北斗星高度也不同。如果地球是平坦的话，他们看到的北斗星应该处于同一个高度。

（2）古希腊人正确地理解了出现月食的原因在于月球运行至地球的阴影部分，因为地球阴影的边缘是圆形，所以可以推断出地球是球形。

（3）最后一个理由是大象。古希腊人认为大象是一种神奇的动物，它们只生活在东方和西方。公元前 326 年，亚历山大大帝东征至印度，摩揭陀大军带着 6000 头大象与其对峙。另外，位于古埃及西边的迦太基曾经是地中海文明中心之一，已经灭绝的北非象曾经生活在那里。相传在始于公元前 218 年的第二次布匿战争期间，迦太基的名将汉尼拔带着 30 多头大象，从伊比利亚半岛越过阿尔卑斯山脉，攻入了罗马共和国。因为古希腊人不知道印度象和非洲象的区别，所以他们认为东方和西方都有大象，他们住在两者的中间却没有大象，那么东方和西方应该是相连的。

既然地球是一个球体，那么它的周长是多少呢？亚历山大港的埃拉托斯特尼结合了太阳观测和几何学，解出了这个问题的答案。

公元前 323 年，亚历山大大帝去世，其麾下的一名将军托勒密一世接替他统治古埃及，在面朝地中海的亚历山大港建立首都。托勒密王朝持续了大约 300 年，直到公元前 30 年凯撒和克娄巴特拉的儿子凯撒里昂被屋大维所杀害。托勒密一世设立的"博学园"是供奉学术及艺术女神缪斯的神殿，也是古埃及政府的研究机构。政府为博学园的学者们提供工资、宿舍、免费的食物和仆人，甚至让他们享有免税的特权，因此吸引了当时地中海地区最有智慧的人们。

埃拉托斯特尼于公元前 275 年生于北非，曾在雅典的希腊学院求学，

30 岁时担任亚历山大港大图书馆的图书管理员，4 年后升为图书馆及博学园的负责人。他也因第 4 章中提到过的寻找素数的方法"埃拉托斯特尼筛法"而闻名。

埃拉托斯特尼按照以下方法测量了地球的周长。赛伊尼（今埃及的阿斯旺）位于亚历山大港的正南方，在夏至日的正午太阳光直射到井底。因为赛伊尼位于北回归线上，所以在夏至日太阳到达天顶的位置。埃拉托斯特尼听闻此事后，于同一天的同一时间在亚历山大港测量得到太阳照射的角度为 7.2°。

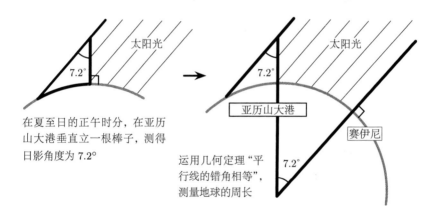

图 6-1　埃拉托斯特尼测量地球周长的方法

假设地球是一个球体，太阳光平行照射，运用几何定理"平行线的错角相等"（稍后再加以解释），如图 6-1 所示，得出亚历山大港和赛伊尼的纬度相差 7.2°。因为 7.2° 乘以 50 等于 360°，刚好绕地球一周，所以地球的周长等于这两座城市之间距离的 50 倍。根据埃拉托斯特尼绘制的地图，将亚历山大港和赛伊尼之间的距离换算成现在的单位后大约为 930 千米，所以地球的周长可以估算为 930 × 50 = 46 500 千米。实际上地球的周长约等于 40 000 千米，虽然埃拉托斯特尼计算的结果比实际周长长了约16%，但考虑到当时的测量技术，精确度已经非常惊人了。

其实我在小时候曾经模仿过埃拉托斯特尼测量地球的周长，你可以在本书附录中了解我的这段经历。

而且，古希腊人还知道宇宙的"深邃"，当时的人们竟然拥有如此惊人的洞察力。很多古文明认为，月球和星星就像黏在包围地球的半圆形顶棚上。但是，古希腊人提出了立体的宇宙模型。因此，他们在了解地球周长后，开始对地球与太阳、地球与月球之间的距离产生了浓厚的兴趣。

公元前310年左右，出生于古希腊萨摩斯岛的阿里斯塔恰斯提出了日心说，他通过观察月食时月球横穿地球阴影时的状况，估算出了地球和月球的直径比。埃拉托斯特尼知道后，将直径比乘以自己测得的地球周长，算出了月球的周长。

只要对比月球的真实周长和从地球观察到的月球周长，就能算出地球与月球之间的距离。下次满月时，你可以自己确认一下。拿一枚5日元硬币，然后将手臂向前伸直，你会发现月亮正好嵌入硬币中间的小孔中。虽然圆月越靠近地平线看起来越大，越靠近上方看起来就越小，但是与5日元硬币一对比，可以发现月亮不管处于哪个高度其实大小并没有发生变化。根据图形的相似关系，可以推导出

$$\frac{月球直径}{地球到月球的距离} = \frac{5日元硬币小孔的直径}{手臂的长度}$$

所以只要知道月球的直径，就能计算出地球到月球的距离。

古希腊人尝试结合天体观测和几何学来科学地判断日心说与地心说孰对孰错。右手臂笔直向前伸长，竖起食指，闭上左眼，然后观察食指。接着再闭上右眼，睁开左眼。你会发现食指的位置看起来发生了变动。这个现象叫作"视差"，运用视差可以测量到对象物的距离。与此相同，如果地球花了一年时间绕太阳公转一周，那么其中半年地

球会转到太阳的背面，于是我们就能观察到更远的恒星。大约出生于公元前 190 年的喜帕恰斯发展了运用视差的测量技术。古希腊人运用该技术测量了地球到太阳的距离、春分点和秋分点移动引起的岁差现象等，但是还是无法观测到恒星的视差，因而没能证明地球的公转运动。

古希腊人之所以无法观测到地球公转引起的视差，是因为恒星实在太遥远。例如把太阳看作一颗直径为 1 厘米的弹珠，那么我们所在的地球直径就只有 0.1 毫米，比一粒沙子还小。沙子在距离弹珠 1 米外的位置绕弹珠一圈，这就相当于地球的公转运动。此时，到除太阳外最接近地球的恒星比邻星的距离相当于比东京到名古屋的距离还远 300千米。然而，地球公转引起的视差只有 0.76 秒 ≈ 0.0002 度。因此，按照古希腊人的技术无法测量到恒星的视差并不奇怪。因为没有发现上述依据，而且存在例如"既然地球在运动，为什么我们感受不到呢"的直观反论，所以在当时地心说是天文学的主流学说。也许古希腊人选择地心说是出于宗教原因，不过他们也根据科学依据作出了判断。

古埃及和古巴比伦时期积累了很多有关数与图形的知识，古希腊人将其发展成了一门称作数学的学问。在人类历史上，这是一件划时代的大事件，甚至可以称为奇迹。古希腊人试图使用几何学去研究地球、月球、太阳以及行星的位置与运动。接下来我们试着追寻几何学从古希腊时期到现代的发展过程，同时思考关于宇宙形状的问题。

1 基础中的基础，三角形的性质

我们在第 2 章中讲过，古希腊人把理所当然的常识当作"公理"，并且开始使用公理去推导"定理"。因此，数学的定理成了永远成立的真理。

欧几里得的几何学就是这个方法的标准。欧几里得将平面几何的基础概括为以下 5 条公理。

【公理 1】 任意两点可以通过一条直线连接。

【公理 2】 任意线段能无限延伸成一条直线。

【公理 3】 给定任意线段，可以以其一个端点作为圆心，该线段作为半径作一个圆。

【公理 4】 所有直角都相等（欧几里得定义的直角为当两条直线相交的邻角彼此相等时，这些角叫作直角）。

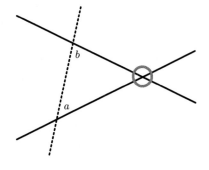

【公理 5】 若两条直线（图 6-2 中的实线）都与第三条直线（图 6-2 中的虚线）相交，并且在同一边的内角之和 $(a + b)$ 小于两个直角之和（180°），则这两条直线在这一边必定相交（图 6-2 中的○）。

图6-2 欧几里得第5条公理：如果 $a + b < 180°$，那么两条直线在 a、b 这边相交

根据这 5 条公理，许多几何定理得到了证明。

从少数公理出发推导复杂的定理，欧几里得的这种论证方式后来被当作学问的标准。斯宾诺莎，甚至笛卡儿和牛顿等许多哲学家和科学家受到这种论证方式的积极影响。

在史蒂文·斯皮尔伯格导演的电影《林肯》中，饰演亚伯拉罕·林肯的丹尼尔·戴 - 刘易斯向无线通信人员们说明解放奴隶的理论时说道："两者都等于同一物体，说明这两者之间也是相等的。欧几里得认为这是自明之理。"大约在两个世纪前，托马斯·杰斐逊起草《独立宣言》时在第二段开头写道"我们认为人人平等是自明之理"，可以看出杰斐

逊也受到了欧几里得的影响。实际上，林肯在葛底斯堡发表演说时也引用了《独立宣言》的这句话作为命题。欧几里得的论证法通过理论来说服持有不同意见的人们。

第1条到第4条公理读起来像是理所当然的常识，但是与前4条相比，第5条公理稍显复杂，因此从古希腊时期开始，人们就一直怀疑第5条公理不是独立的公理，而是从前4条公理中推导而出的。在过去的两千多年里，许多数学家努力钻研，试图通过前4条公理来证明第5条公理只是从中推导出的定理。数学家尝试后发现，第5条公理可以替换成

【公理 5′】　已知直线及直线外一点，可以作一条直线与已知直线平行。

第5条公理也被称为"平行公理"，前面多次提到的高斯最早发现第5条公理与前4条公理不同，它是一条独立的公理。我们在本章后半部分再来讲相关内容。

在平面几何中，三角形的性质尤为重要。接下来我们思考一下三角形内角和定理以及勾股定理。

1.1　证明三角形内角和为180°

从欧几里得的公理中可以推导出以下这条著名的定理。埃拉托斯特尼在测量地球周长时也使用了这条定理。

定理：如图6-3所示，若平行的两条直线与第三条直线相交，则它们的一对同位角（a和b）相等，错角（a和c）也相等。

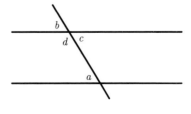

图6-3　同位角（a和b）与错角（a和c）

为了更好地解释这条定理，我们首先来说明一下什么叫作"对偶"。如果原命题"如果 X，就 Y"正确，那么就能推导出对偶命题"只要没有 Y，就没有 X"。例如"如果下雨，就会撑伞"的对偶命题是"如果没有撑伞，就没有下雨"。这里需要注意 X 和 Y 的位置发生了调换。"如果没有下雨，就不撑伞"就不是对偶命题。命题"如果下雨，就会撑伞"只不过在描述下雨时会做的事情而已，单从这个命题是推导不出没有下雨时撑不撑伞的。

接下来再重新回到【公理 5】：

"若两条直线都与第三条直线相交，并且在同一边的内角之和小于两个直角之和，则这两条直线在这一边必定相交。"

它表明"直线在内角之和小于两个直角之和的这一边相交"，即"如果内角之和小于两个直角之和，直线就在某处相交"。那么，这个命题的对偶命题就是：

"如果两条直线没有相交，与这两条直线相交的任何一边的内角之和都不会小于两个直角之和。"

"如果两条直线没有相交"也就是这两条直线相平行。而且，如果任何一边的内角之和都不会小于两个直角之和，说明只有两个直角。因此，从【公理 5】中可以推导出：

"若平行的两条直线与第三条直线相交，则内角之和等于两个直角之和。"那么接下来就使用这条定理来证明刚才的同位角和错角定理。

[开始证明] 图 6-3 中的角 a 和角 d 是直线与平行直线相交的内角，内角之和等于两个直角之和。两条直线相交形成的角 b 和角 d 之和也等于两个直角之和。用算式表示如下：

$$a + d = \text{两个直角之和}, \quad b + d = \text{两个直角之和}$$

因为 a 和 b 分别加上 d 都等于两个直角之和，所以 $a = b$。也就是说，同

位角相等。因为角 c 和角 d 同样是两条直线相交得到的角，所以

$$c + d = 两个直角之和$$

只要与最初的等式进行比较，就能发现错角 a 与 c 相等。[结束证明]

按照上述过程，就能证明三角形内角和定理。

定理：三角形内角和等于 $180°$（两个直角之和）。

小学高年级的数学课都把这条定理作为事实来学习。在小学阶段，教科书中一般都是说明如何将三角形的三个角分割后重新组合成一条直线，如图 6-4 所示。标准证明过程如下。

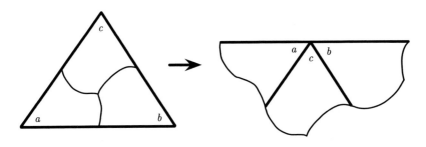

图6-4 三角形内角和定理：小学教科书中的解释

[开始证明] 将三角形的三个顶点分别记作 a、b、c，并且用相同符号表示各个顶点的内角。如图6-5 所示，作一条穿过顶点 c，同时与线段 ab 相平行的直线。此时，a 的错角记作 a'，b 的错角记作 b'，因为 a'、c、b' 是三条直线相交形成的角，所以

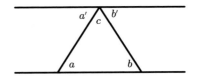

图6-5 三角形内角和定理：用错角证明

$$a' + c + b' = 180°$$

在前面的定理中已经证明平行线的错角相等。也就是说，$a' = a$，$b' = b$。因此 $a + b + c = 180°$。［结束证明］

本章后半部分还会用到上述定理，所以请你先好好记住。

1.2 让人终生难忘的"勾股定理"证明

数学定理的英语表达是"theorem"，来自古希腊语中的"$\theta\epsilon\omega\rho\acute{\epsilon}\omega$"（theoreo），原来是"仔细看"的意思，与"theater"（剧场）的词源"$\theta\epsilon\acute{\alpha}o\mu\alpha\iota$"（theaomai）属于同根词。

在平面几何的证明中，很多证明靠辅助线就能完成。画出问题中的图形，然后只要作一条直线，说一句"看"，就能完成证明。

平面几何中最伟大的定理当属"勾股定理"。欧几里得的《几何原本》第 1 卷第 47 命题就证明了勾股定理。

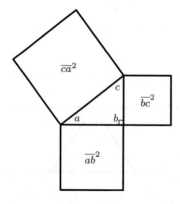

图6-6 勾股定理：$\overline{ca}^2 = \overline{ab}^2 + \overline{bc}^2$

定理：将直角三角形的顶点分别记作 a、b、c，若内角 b 是直角，该直角三角形的三条边长 $\overline{ab}$、$\overline{bc}$、$\overline{ca}$ 之间存在以下关系（图 6-6）。

$$\overline{ca}^2 = \overline{ab}^2 + \overline{bc}^2$$

勾股定理还被用于下一节笛卡儿坐标的距离公式中，构成了现代科学及工学的基础。这条定理非常重要，因此存在上百种证明方法。接下来介绍一个比较有名的方法。

[开始证明] 以斜边 $\overline{ca}$ 为边长作一个正方形。画出 4 个与已知直角三角形相同的三角形，如图 6-7 左边所示，将 4 个三角形的斜边与正方形的 4 条边相重叠，得到一个边长为 $\overline{ab}+\overline{bc}$ 的正方形。这个大正方形的面积减去 4 个直角三角形的面积就等于 $\overline{ca}^2$。接着将大正方形中的 4 个直角三角形移至如图 6-7 右边的位置。然后移除 4 个直角三角形后，得到一个边长为 $\overline{ab}$ 的正方形和一个边长为 $\overline{bc}$ 的正方形。因为只是在同一个正方形中移除了 4 个三角形，所以剩余部分的面积相等。也就是说：$\overline{ca}^2 = \overline{ab}^2 + \overline{bc}^2$。[结束证明]

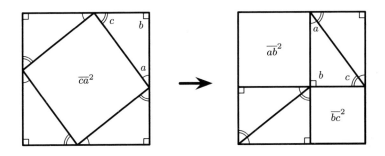

图6-7 勾股定理的证明

这真是让人佩服的证明方法，不过与定理的伟大相比，这个证明过程感觉就是在耍小聪明。它最大的问题在于(我)一下子记不住证明过程。如果我在回家路上走着，突然有人举枪命令我"证明一下勾股定理"的话，我没有自信能用这个方法来证明。

无法重现上述证明过程，会不会是因为这个证明方法无法体现定理的精髓呢？实际上，证明勾股定理的方法中有一个把握定理本质的证明法，只要看过一次就终生难忘。下面我来解释一下。首先要介绍的是《几何原本》第 6 卷第 31 命题所证明的定理。

定理：已知三个相似图形 A、B、C，假设 A、B、C 对应的边长分别等于直角三角形的 3 条边长 $\overline{ab}$、$\overline{bc}$、$\overline{ca}$。此时，将 3 个图形的面积分别记作 A、B、C，那么三者的关系如下所示。

$$A + B = C$$

在上述定理中，图形 A、B、C 与原来勾股定理中的正方形相对应。其实，不管是三角形、五边形还是图 6-8 中的半圆，这条定理在任何图形中都能成立，因此也被叫作"一般化的勾股定理"。分割并重新组合斜边的正方形就能证明关于正方形面积的勾股定理。但是，一般化的勾股定理无法用这个方法证明。例如在半圆的情况下，貌似没有好方法能将大半圆分割成两个小半圆。

其实只要使用原来的勾股定理就能证明。

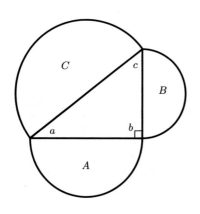

图 6-8　一般化的勾股定理（半圆版本）

[开始证明]　首先回顾一下相似图形的面积关系。假设正方形的边长增至 X 倍，那么其面积则增至 X^2 倍。这对于任何图形都能成立。假设给定两个相似图形，如果其中一个图形的边长是另一个图形边长的 X 倍，那么其面积就是另一个图形的 X^2 倍。因为问题中的三个相似图形 A、B、C 的对应边长分别是 $\overline{ab}$、$\overline{bc}$、$\overline{ca}$，所以它们的面积之间存在以下比例关系：

$$A : B : C = \overline{ab}^2 : \overline{bc}^2 : \overline{ca}^2$$

根据勾股定理，因为 $\overline{ab}^2 + \overline{bc}^2 = \overline{ca}^2$，所以只要使用上述比例关系就能得出 $A + B = C$。［结束证明］

这个定理证明方法表明，一般化的勾股定理只要证明了其中的一种图形，就能根据比例关系自动证明其他图形。原来的勾股定理是关于直角三角形三条边上的三个正方形面积的定理，不过正方形并不是最适合证明勾股定理的图形。实际上，直角三角形才是能从本质上把握定理内容的图形。接下来我们运用直角三角形来重新证明一般化的勾股定理。

［开始证明］ 如图 6-9 所示，沿着直角三角形 abc 的斜边 $\overline{ca}$ 向上折叠，得到一个相同的三角形，记作 C。C 的面积等于直角三角形 abc 的面积。接着，作两个分别以 $\overline{ab}$ 和 $\overline{bc}$ 为边的相似三角形，分别记作 A 和 B（如图 6-9 的左边所示）。沿着 $\overline{ab}$ 和 $\overline{bc}$ 将 A 和 B 向内折叠（如图 6-9 的右边所示）。

"看！"

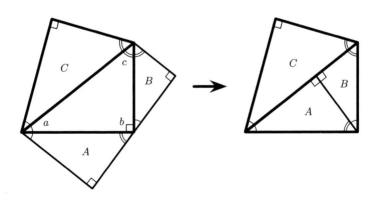

图6-9 让人终生难忘的"勾股定理"证明

这两个三角形完整地装入了直角三角形 abc 中。因此 $A + B = C$。
[结束证明]

勾股定理是关于直角三角形的定理。因此正如上述证明，尽管只用到了直角三角形，却得到了完美的解决。这样一来，即使在夜路中突然被人用枪对着，我也能很好地说明整个证明过程。

2　笛卡儿坐标与划时代的创想

古登堡在 15 世纪推广了活字印刷术的应用，欧几里得的《几何原本》因此被印刷出版，1482 年在威尼斯出版了第一个版本，之后全世界出现了上千个版本，成为了仅次于《圣经》的最畅销图书。可以看出，《圣经》和《几何原本》是支撑欧洲文明的两大支柱。

1596 年出生的勒内·笛卡儿被誉为近代理性主义的创始人，他给欧几里得的平面几何带来了巨大的变革。笛卡儿在著作《方法论》中提到有以下四个探索真理的步骤。

（1）凡是我没有明确地认识到的真理，我决不把它当成真的接受。

（2）要研究的复杂问题，尽量分解为多个比较简单的小问题，一个一个地分开解决。

（3）小问题从简单到复杂排列，先从容易解决的问题着手。

（4）问题解决后，再综合起来检验，看是否完全，是否将问题彻底解决了。

上述四个步骤反映了《几何原本》的精神，即从理所当然的公理出发，依次推导出图形的复杂性质。

正如书名所示，《方法论》相当于关于探索真理方法的序言。笛卡儿提出了一个关于几何学的新方法，将其作为探索真理方法的一种尝试。
他的想法是用数对 (x, y) 来表示平面内的点。

在平面内画两条垂直相交的
直线，分别称作 x 轴和 y 轴。为
了表示平面内点的位置，从这个
点出发分别作两条垂直于 x 轴和
y 轴的垂线，两条垂线与两条坐
标轴相交的位置分别记作 x、y。
笛卡儿坐标（图 6-10）就是使用
这个数对 (x, y)。笛卡儿坐标常
被称为"直角坐标"，它本身并

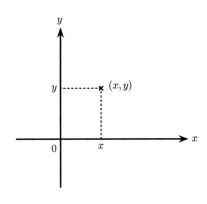

图 6-10　笛卡儿坐标（直角坐标）

不是笛卡儿的发现。不过笛卡儿为几何学引入了新的想法，所以本书
在此使用与他有关联的叫法。使用笛卡儿坐标，可以把平面几何问题
转换成关于 (x, y) 的计算问题。欧几里得的 5 条公理同样可以翻译成
笛卡儿坐标语言。

例如【公理 3】，已知两点 (x_1, y_1) 和 (x_2, y_2)，以其中一点为圆心
作一个圆，所作的圆经过另外一点。圆是指到某一点距离相同的所有
点的集合。所以，首先计算已知两点之间的距离。

如图 6-11 所示，假设长方
形的对角线是连接 (x_1, y_1) 和
(x_2, y_2) 的线段。根据勾股定理，
对角线长度 r 的平方等于长边的
平方与短边的平方之和，即

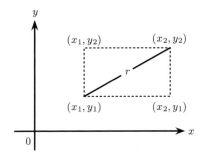

$$r = \sqrt{(x_2 - x_1)^2 + (y_2 - y_1)^2}$$

图 6-11　将两点间距离 r 作为长方形的
　　　　对角线进行计算

【公理3】中所要求的"以 (x_1, y_1) 为圆心，同时经过 (x_2, y_2) 的圆就是距离 (x_1, y_1) 的长度等于 r 的所有点的集合"。因此，也可以表示为满足

$$(x - x_1)^2 + (y - y_1)^2 = r^2$$

的 (x, y) 集合。

使用笛卡儿坐标，能将欧几里得的几何问题全部转换成解方程的问题。

2009 年日本数学书房出版社出版了一本书叫作《定理之美》（この定理が美しい）。20 位作者分别挑选了自己认为最美的数学定理并谈论其魅力，当时我选了基本粒子论中使用的定理。在这本书中，京都产业大学的牛泷文宏选择了平面几何的垂心定理。三角形的垂线是指从三角形的一个顶点向它的对边作一条垂直的线。三角形有三个顶点，所以就有三条垂线。垂心定理指的是三条垂线相交于一点，这个交点叫作垂心。

如果两条直线不平行，则必定相交，不过三条直线相交于一点并不是理所当然的事情。关于垂心定理的证明，牛泷写道："在中学时代，我一方面惊叹于这条凭自己的能力绝对无法完成证明的定理，另一方面从和谐的图形及美妙的理论积累中感受到美的存在。"在古希腊时期，垂心定理的证明只需借助辅助线，这实在令人感到惊讶，也堪称是一门艺术。只要在网上搜索"垂心定理"，马上就会跳出证明方法。感兴趣的读者可以自己搜索。

接下来我们试着通过笛卡儿坐标来证明垂心定理。此处不做详细说明，只要体会一下算式，理解"什么叫作把几何问题转换成方程"即可。

[开始证明] 假设三角形的顶点分别为 $a=(0,0)$、$b=(p,0)$、$c=(q,r)$，那么顶点 c 到边 ab 的垂线可以用方程表示为

$$x = q$$

顶点 a 到边 bc 的垂线可以用方程表示为

$$y = \frac{p-q}{r}x$$

顶点 b 到边 ca 的垂线可以用方程表示为

$$y = -\frac{q}{r}x + \frac{pq}{r}$$

最前面的两个方程可以组合成一个关于 x 和 y 的联立方程，即 $(x, y) = (q, (p-q)q/r)$。上述联立方程的解也满足第三个方程，所以是三个方程共同的解。也就是说，三条垂线相交于一点，这个点就是三角形的垂心。［结束证明］

　　上述证明不像古希腊时期用辅助线证明那样具有艺术感，只不过是一个简单的操作，用笛卡儿坐标表示问题中的垂线，接着用联立方程表示交点的坐标，最后机械地解出方程，仅此而已。因为不需要灵感，所以只要掌握了方法，所有人都能证明。

　　如果把使用辅助线的证明比喻成骑着自行车欣赏乡下的美景，那么使用笛卡儿坐标的证明就相当于乘坐按照精确时刻表运行的新干线。笛卡儿坐标结束了田园牧歌式的时代，把几何研究引向了重视效率的近代。

　　第 2 章提到过高斯的发现，即"如果图形的边长之比可以用加减乘除和平方根的有限组合来表示，那么这个图形就能作图，反之则不能作图"。使用笛卡儿坐标的话，很容易就能证明高斯的发现。作图的规则要求只能使用直尺和圆规。在笛卡儿坐标中，用直尺作的直线可表示为一次函数 $y = ax + b$，用圆规作的圆可表示为二次函数

$(x - x_1)^2 + (y - y_1)^2 = r^2$。那么，重复作图的线段比就是一次方程和二次方程组合的解，也就是"可以用加减乘除和平方根的有限组合来表示"。

笛卡儿坐标的影响不仅限于有关几何图形的研究，还广泛地渗透到了科学技术领域。

笛卡儿以《方法论》为序撰写了"探索真理的方法"，伽利略在晚年出版了一本与此有关的著作。伽利略有许多重要的发现，比如"摆的等时性原理"即摆动的周期同摆动的振幅无关；"自由落体定律"即物体下落的速度和它的重量无关；"惯性定理"即匀速运动的物体在没有受到外力作用时总保持匀速直线运动状态；"相对性原理"即从力学定律来看匀速运动的坐标系和静止系是平等的。但是，伽利略未能完成力学体系，其最大的原因可能在于他不知道笛卡儿坐标的存在。

伽利略逝世后才出生的牛顿正是运用了笛卡儿坐标，才实现了用数学来表示力学和万有引力定律。从此以后，笛卡儿坐标开始被用于表示科学和工学领域的各种方程。

直至今日，笛卡儿坐标仍然运用于科学技术中。例如桌面计算机屏幕和智能手机屏幕上的点都是通过笛卡儿坐标来指定的。正是因为实现了用数字表示位置，所以计算机才能处理图像。

3　六维、九维、十维

笛卡儿坐标的伟大成果之一是将我们的思考层面从平面上升到了高维空间。

如果二维平面的点只要用数对 (x, y) 就能表示的话，那么三维空间的点需要用数对 (x, y, z) 来指定。在三维空间中作三条相交的直线，

分别记作 x 轴、y 轴和 z 轴。从三维空间的点分别作垂直于三条坐标轴的垂线，垂线与坐标轴相交的位置分别记作 x、y 和 z，将该数对作为坐标。

假设二维平面内所指定的两点 (x, y) 和 (x', y') 之间的距离为 r，那么

$$r = \sqrt{(x - x')^2 + (y - y')^2}$$

与此相同，假设三维空间中所指定的两点 (x, y, z) 和 (x', y', z') 之间的距离为 r，那么

$$r = \sqrt{(x - x')^2 + (y - y')^2 + (z - z')^2}$$

如果用坐标来表示点的位置，那么很容易就能说明高于三维的维度。n 维空间是指以 n 个数对 $(x_1, \cdots, x_n)$ 为坐标的所有点的集合。三维空间可以用肉眼观察，不过关于思考四维以上的空间是否有意义，也许你会心存疑惑。其实在我们日常所接触的事物中，就隐藏着高维世界。

例如我有一个朋友在证券公司开发高频自动交易算法。市场状况取决于现货股票、股票期权、商品期货等的买卖情况。也就是说，市场就是关于买卖情况的上千甚至上万个数值所表示的高维空间的点。市场的变动可以看作高维空间里的运动。高频自动交易算法就是预测上述高维运动，在千分之一秒内完成交易。

数学的力量源泉之一在于一般化与抽象化。几何学为了研究平面图形的性质而不断向前发展，不过使用笛卡儿坐标就能使 n 维空间的几何学一般化。而且，坐标 $(x_1, x_2, \cdots, x_n)$ 不仅限于图形，还能用于表示许多事物，例如市场动向等。

我在研究被称为"超弦理论"的基本粒子统一理论时，必须用到六维、九维、十维等高维几何学。曾经有人问我："怎样才能观察到十维

空间呢？”其实使用坐标，不管是几维空间，看起来都一模一样。例如在十维空间中，可以将以原点作为圆心、半径为 r 的球面看成满足

$$x_1^2 + x_2^2 + \cdots + x_{10}^2 = r^2$$

的所有点的集合。只要使用坐标，不管是几维空间都能处理。

4 欧几里得公理不成立的世界

在欧几里得选出的 5 条公理中，只有第 5 条公理"平行公理"与其他 4 条公理不同。我们再次引用一下【公理 5′】。

【公理 5′】 已知直线及直线外一点，可以作一条直线与已知直线平行。

据说公元前 2 世纪的波希多尼是第一个尝试从其他 4 条公理中推导上述平行公理的人。

不过，古人们早就知道世界上存在不符合欧几里得公理的几何图形，即球面上的几何图形。

公元 1 世纪的数学家梅涅劳斯在其著作《球面学》第一卷中就讨论了球面上的线段和三角形分别对应何物。我们当然无法在球面上画出直的线段，但我们可以试着思考什么形状虽然不"直"，性质却与直线相同。在平面内，两点之间线段最短。假设这是线段的根本性质，那么我们就可以思考在球面上什么图形具有相同性质。

由于我兼任加州理工学院和东京大学卡弗里数学物理学联合宇宙研究机构的研究主任，因此经常往来于洛杉矶和东京。在我常见的墨卡托投影地图中，这两座城市之间的最短距离看起来是笔直横穿太平洋，

不过实际上从洛杉矶飞往东京时，飞机先向北飞至阿拉斯加州的阿留申群岛附近，再继续向南飞行，因为这条路线距离最短（从东京返回洛杉矶时，为了利用偏西风，有时也会笔直横穿太平洋）。

在球面上，两点之间最短的距离刚好是"大圆"的一部分。大圆是指通过球中心的平面与球面相交而得到的圆，如图 6-12 所示。梅涅劳斯的球面几何认为大圆是球面直线。而且，由三个大圆所围成的图形是球面三角。

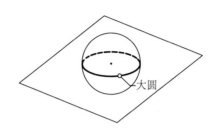

图 6-12 球面上的大圆

在球面几何中平行公理不成立。通过球中心的两个不同的平面必定相交，这两个平面与球面相交所得的大圆也必定相交。也就是说，两条不同的直线无法平行。

因为平行公理不成立，所以平面几何中的许多定理在球面几何中需要进行更改，例如本章 1.1 节中的"三角形内角和定理"。

如图 6-13 所示，将赤道上的印度尼西亚巴厘岛和肯尼亚内罗毕，以及北极点这三点作为顶点，正好形成一个三角形，从巴厘岛沿经线向北到达北极点，接着向左转 90° 后再继续沿经线向南前进，快接近赤道时表明即将到达内罗毕附近，于是向左转 90° 向东前进，最后又回到巴厘岛。在这个三角形中，巴厘岛、北极点和内罗毕处的内角均是 90°，因此内角和不是等于 180°，而是等于

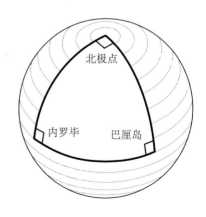

图 6-13 球面三角的内角和大于 180°

$270°$。我们一般使用公式

$$\text{内角和} = 180° + 720° \times \frac{\text{三角形面积}}{\text{球的表面积}}$$

计算球面三角的内角和。例如，以巴厘岛、北极点和内罗毕为顶点的三角形面积等于地球表面积的 1/8，因此使用公式计算内角和等于 $180° + 720° \times \frac{1}{8} = 270°$，与前面的结果保持一致。因为半径是 r 的球面面积等于 $4\pi r^2$，所以上述公式也能写作

$$\text{内角和} = 180° + 720° \times \frac{\text{三角形面积}}{4\pi r^2}$$

但是，在球面几何中，第 1 条公理"任意两点可以通过一条直线连接"也不成立。例如球面上存在无穷个大圆连接北极和南极，因为只要转动连接北极和南极的地轴，已知的某个大圆马上就变成了连接北极和南极的大圆。在欧几里得的公理中，之所以将平行公理从其他公理中独立出来，是因为在某些几何中存在前 4 条公理成立，平行公理却不成立的情况。不过在球面几何中，第 1 条公理也不成立，所以也是一个例外。

5 唯独平行公理不成立的世界

19 世纪初，高斯最早发现了平行公理独立于其他 4 条公理。不过正如他的座右铭"少而精"，高斯决定除非自己彻底理解，否则绝不发表。而且平行公理的独立性本身就是容易引起议论的话题，所以高斯表现得特别慎重，没有专门撰写论文。

同时，俄罗斯喀山联邦大学的校长尼古拉斯·罗巴切夫斯基独立发现了平行公理不成立的曲面，并于 1829 年发表了俄语论文。1824 年，

匈牙利的雅诺什·波尔约也发现了平行公理不成立，并于 1831 年在其
父亲法卡斯·波尔约撰写的几何学著作中以附录的形式发表。

　　三位数学家几乎同时独立地解开了这道两千多年未能解决的难题，
虽然听起来有点不可思议，不过这在科学世界里确是常有的事。牛顿
和莱布尼茨独立发现了微积分法，卡尔·威廉·舍勒和约瑟夫·普里
斯特利独立发现了氧气，这些都是非常著名的例子。2013 年诺贝尔物
理学奖的获奖对象——预测的希格斯玻色子也是由 3 个研究团队独立
发现的。其实法卡斯·波尔约收到儿子雅诺什·波尔约的来信，得知
他成功证明了平行公理的独立性，于是回信说："如果真的成功了，那
就趁早发表。正如到了春天三色堇争相开放，只要时机成熟，其他人
也会获得跟你一样的发现。"也许科学发现也反映了时代精神。

　　高斯、罗巴切夫斯基和波尔约发现的曲面叫作"双曲面"。在解释
该曲面前，先回想一下二维球面是指到三维空间中的一点距离相同的
所有点的集合。使用三维的笛卡儿坐标 (x, y, z)，半径为 r 的球面就是
满足

$$x^2 + y^2 + z^2 = r^2$$

的所有点的集合。而对于双曲
面，更改上述公式中的两个符
号，其公式为

$$x^2 + y^2 - z^2 = -r^2$$

如图 6-14 所示，试着用三维
(x, y, z) 画出满足上述公式的所
有点的集合。曲面分成两个部
分且两个部分形状相同，因此

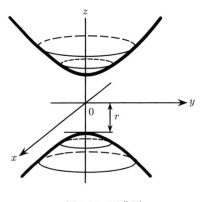

图 6-14　双曲面

假设 $z < 0$。双曲面上的几何学
被称作"双曲几何"。

图6-15 双曲面上的三角形内角和小于 180°

在球面几何中，通过原点
$(x, y, z) = (0, 0, 0)$ 的平面与球
面相交得到的大圆承担了直线的
作用。与此相同，在双曲几何中
承担直线作用的是通过原点 $(x, y, z) = (0, 0, 0)$ 的平面与双曲面相交得
到的曲线。如果是双曲面的话，对应的就是双曲线。如图 6-15 所示，
使用双曲面上的"线段"作一个三角形，其内角和小于 180°。代入三角
形内角和的公式中进行计算，即

$$内角和 = 180° - 720° \times \frac{三角形面积}{4\pi r^2}$$

在球面几何的公式中，符号正好相反，即 $r^2 \rightarrow -r^2$。

欧几里得的第 1～4 条公理在双曲面上都成立，因此也证明了平行
公理是独立的。

除平面几何以外还存在球面几何、双曲几何等不符合欧几里得公
理的非欧几何。那么，我们自然而然也会想到：是否还存在其他几何呢？
其实我们身边有各种形状的图形，它们既不是平面也不是球面，当然
也不是双曲面。例如橄榄球的表面就不是完美的球面，而是纵向延伸，
并不属于球面几何。最后依然是高斯发现了统一表示各种图形的方法。

6 不用外部观测即可得知形状的"神奇定理"

我们一眼就能看出球面和双曲面等二维平面是弯曲的。不过既然我们生活在二维平面内,又怎么能知道平面的弯曲程度呢?

19世纪的英国作家埃德温·艾勃特在其小说《平面国》中描述了二维平面世界的模样。该小说的主人公 A. Square 和在三维空间中自由运动的"球"成为了朋友,并接受"球"的邀请来到了三维世界,才发现自己生活的世界是一个平面世界。A. Square 因为突然进入了三维世界才意识到平面国是平面世界,除此之外是否还有其他方法能够理解平面国的形状?

1818年,高斯应汉诺威国王之邀对其领地进行了三角测量。三角测量是指先将需要测量的土地分割成三角形,然后通过测量每个三角形的边长和角度来判定土地形状和面积大小的方法。而且为了测量土地,高斯发明了新工具(日光反射仪)。在欧洲引入欧元前,德国流通的10马克纸币的正面印着高斯肖像,背面印着汉诺威王国领地的三角形分割和日光反射仪(图6-16)。

(正面)　　　　　　　　　　(背面)

图6-16 德国旧10马克纸币

高斯利用汉诺威王国的三角测量数据计算了 Hohen Hagen、Brocken 以及 Inselsberg 这三座山所构成的三角形的内角。既然我们已经知道球面三角的内角和与 180° 存在偏差，那么代入三角形内角和公式

$$内角和 = 180° + 720° \times \frac{三角形面积}{4\pi r^2}$$

应该能计算出地球的半径 r。这也许就是当时高斯想要确认的。遗憾的是，当时因为测量精度不够，最终无法计算出微小的角度偏差。不过这个测量二维平面形状的方法，给了高斯重要的启发。

我们先联想一张平整的纸，在这张纸上可以使用欧几里得几何。而且三角形内角和等于 180°，所以平行公理也成立。然后我们将纸折弯或者拧转，除非纸破了或者变大了，否则二维平面内两点之间的距离不会发生变化。因此仍然可以使用欧几里得几何。例如在纸上写下勾股定理的证明过程，即使纸被折弯或者拧转了，定理的证明过程也不会发生变化。同样，除非住在平坦纸面上的居民离开这张纸，否则他们根本意识不到纸张已经变弯。

高斯认为，二维平面的弯曲程度只限于外观。不过，也存在不仅限于外观的弯曲程度。球面、平面、双曲面上的三角形内角和公式均不同。高斯提出了一个叫"曲率"的概念，来区别图形表面的弯曲程度。

假设平面国的居民想要了解自己所居住的二维平面是什么形状，因此他们学高斯测量汉诺威王国的领地，对自己居住的世界进行三角测量。如果二维平面的弯曲程度接近球面，那么其三角形内角和应该大于 180°，从与 180° 的偏差中就能推算出球面的半径。反之，内角和就小于 180°，弯曲程度接近双曲面。

不过，二维平面不仅限于球面和双曲面。还有类似橄榄球的平面，两端的尖头弯曲程度较大，中间部分弯曲程度较小。所以，如果在尖头处作一个三角形，其内角和肯定远大于 180°，中间部分的三角形内

角和却接近 180°。只要测量出内角和与 180° 的偏差，就能计算出表面的弯曲程度。

在橄榄球的表面，作图的位置不同，三角形内角和的数值也不尽相同。为了更准确地测量每个位置的弯曲程度，只要作图时把三角形画小即可。但是如果三角形变小，那么角度的偏差也会变小。回想一下前面讲过的球面三角的内角和计算公式，即

$$内角和 - 180° = 720° \times \frac{三角形面积}{4\pi r^2}$$

观察上述公式可以发现，内角和减去 180° 得到的偏差与三角形面积成正比。

因此高斯在思考

$$\frac{内角和 - 180°}{三角形面积}$$

时，发现不管是多小的三角形，其数值都不会等于 0。从上述比中思考三角形面积变小的极限就是高斯曲率。

橄榄球表面的弯曲程度因位置而不同。橄榄球表面的居民不用从外部观察，就能测量表示弯曲程度大小的高斯曲率。方法就是进行三角测量。只要观察每个三角形的每个点旁边的具体情况，就能判断表面是如球面正面弯曲还是如双曲面负面弯曲，以及当时的弯曲程度的大小。

高斯证明了曲面上的几何是由曲率所决定的，并称之为"神奇定理"。也许德国旧 10 马克纸币背面的图形代表的不是汉诺威王国领地的三角测量，而是这条"神奇定理"。

7　画一个边长为100亿光年的三角形

现代天文学认为，地球在宇宙中的位置并没有什么特殊之处，不管是在哪个位置，从那个位置看到的宇宙都一样。当然，这并不是严格意义上的一样，例如地球的周围有太阳和行星，还稀疏分布着其他恒星。但是从宏观上来看几乎相同，这个想法被称为"哥白尼原理"。尼古拉·哥白尼主张日心说，将地球从宇宙的中心降格为围绕太阳运转的行星之一。根据哥白尼原理，假设从宇宙中任何一个位置所看到的宇宙都是一样的，那么如果用数学表示我们的居住空间，其形状可以分为以下三种。

☆ 平坦空间：欧几里得几何学成立的平面的三维版本。因此，三角形内角和总是等于 $180°$。

☆ 正曲率空间：球面的三维版本。因此，三角形内角和为

$$内角和 = 180° + 720° \times \frac{三角形面积}{4\pi r^2}$$

r 的值越小，曲率就越大。

☆ 负曲率空间：双曲面的三维版本。因此，三角形内角和为

$$内角和 = 180° - 720° \times \frac{三角形面积}{4\pi r^2}$$

r 的值越小，曲率就越大。

根据阿尔伯特·爱因斯坦的广义相对论，空间的曲率取决于宇宙中物质和能量的密度。当物质和能量的量等于被称为"临界密度"的特殊值时，宇宙就是平坦空间。如果量大于临界密度，那么宇宙会因物质和能量的引力而变圆，正如球面一样是正曲率空间。如果此时在宇宙中作一个三角形，其内角和会大于 $180°$，如图 6-17（右）所示。反之，

如果量小于临界密度，那么宇宙会如双曲面一样是负曲率空间，三角
形内角和会小于 180°，如图 6-17（左）所示。

图 6-17　负曲率宇宙与正曲率宇宙

　　只要在宇宙中作一个大三角形，测量其内角和即可知道宇宙的形状。
但是我们根本无法离开地球，那么如何才能画出大三角形呢？

　　解决上述问题的线索是充满宇宙的"光"——宇宙微波背景辐射。
例如看电视时，如果换到没有播放节目的频道，会看到白色画面，听
到轻微的杂音。这其中的百分之几是来自宇宙起源的微波。这是在 138
亿年前发生宇宙大爆炸时留下的余烬，从宇宙的各个方向均等地洒落
在地球上。

　　然而，根据 1992 年发表的 COBE 卫星实验结果，微波仅仅只有几
ppm 的频率波动。一般认为是宇宙初期的量子力学波动和宇宙中的物质
发生共振，这种共振会被记录在
微波中。图 6-18 是普朗克卫星
实验小组最新发表的结果。

　　波动是指，根据微波强度
的方向发生小幅度变动。根据
理论可以计算宇宙诞生时发生
变动的距离是多少。变动情况

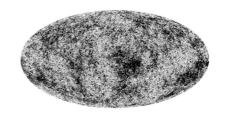

图 6-18　宇宙微波背景辐射的波动
　　　　　（NASA 提供）

以光的形式直接到达地球，也就是我们观测到的微波波动。因此，如图 6-19 所示，观测波动就相当于是使用一条边长为 100 亿光年的三角形，在宇宙起源与现在的地球之间进行三角测量。只要精确地测量波动，就能测出宇宙大三角形的角度，进而知道"宇宙的形状"。

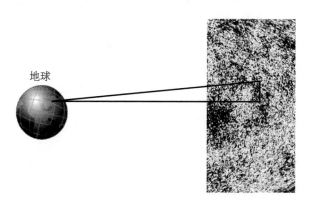

图6-19　通过观测微波波动，能测量出宇宙大三角形的角度

在 20 世纪 90 年代末到 21 世纪初，研究者进行了多次精确测量微波波动的实验，结果发现宇宙几乎是一个平坦的空间。

为什么宇宙是平的？日本的佐藤胜彦和美国的阿兰·古斯等主张的"暴胀宇宙论"可以解释这个问题。为了验证上述理论，我所在的卡弗里数学物理联合宇宙研究机构（Kavli IPMU）与宇宙航空研究开发机构（JAXA）、高能加速器研究机构（KEK）正在计划共同发射观测宇宙状况的科学卫星 LiteBIRD。

埃拉托斯特尼运用"平行线的错角相等"定理，测出了地球的周长。他虽然没有走遍亚历山大港到赛伊尼这个相当于 1/50 地球周长的世界，却能以 16% 的误差计算出地球的周长。

现代的天体物理学家使用"三角形内角和"的性质判断出宇宙的形状。不需要离开地球，就能画出宇宙中边长为 100 亿光年的大三角形。

从古希腊时期到现在，数学拓展了我们的经验世界。推动数学发展的是我们人类纯粹的好奇心。数学家对欧几里得的平行公理是否独立于其他公理问题的探索帮助高斯发现了曲率的概念。而且，人类也掌握了如何科学地测量宇宙的整体形状以及宇宙中的物质和能量。

第7章
微分源于积分

序　来自阿基米德的书信

　　我们在第 6 章开头讲过，在公元前 3 世纪的第二次布匿战争期间，迦太基的名将汉尼拔越过阿尔卑斯山脉，从北边攻入了罗马共和国。但是，罗马军把战争拖入了持久战。而且，为了确保地中海的制海权，罗马军进攻了迦太基的同盟国即西西里岛的城市国家锡拉库萨。

　　包围锡拉库萨的罗马军面对的是被誉为古代世界最伟大的数学家的阿基米德及他发明的各种兵器。能够调节投掷点的投石器不存在打击盲点，运用杠杆和滑轮原理的起重机抬起了从海上向陆地靠近的军舰，使其翻船。无法靠近城堡的罗马军只好解除了包围网，暂时撤退。

　　但是在祭祀阿忒弥斯女神的节日当天，锡拉库萨城内大开宴席，其间有巡逻人员擅自离开岗位。罗马军从告密者处得到该消息后，先

图 7-1　阿基米德墓碑上的圆柱及其内切球示意图

派了几名精英士兵翻过城墙。城门打开后，1 万名罗马士兵冲进了锡拉库萨城。在那之后，阿基米德就不知所踪了。

在锡拉库萨包围战过去 1 个世纪后的公元前 75 年，西西里已归入罗马属地，当时的财务官西塞罗曾四处寻找阿基米德的墓地。他最终找到的墓碑上刻着一根圆柱，圆柱内有一个内切球，如图 7-1 所示（据说阿基米德墓碑上的图形其实是横着的图 7-1）。这意味着阿基米德发现了内切球的体积等于圆柱体积的 2/3。我们都知道阿基米德发明了许多实用的工具，其实他最引以为豪的事情是发现了纯粹数学。他亲自设计的墓碑也刚好证实了这一点。

积分研究的发展是为了测量面积和体积。测量土地大小、按其征税需要用到面积的计算，测量谷仓、估算建造金字塔等建筑物所需的材料数量需要用到体积的计算。阿基米德发现了如何计算被抛物线和圆等图形包围的图形面积，以及被球面包围的体积，其中包括了阿基米德墓碑上刻着的球形和圆柱的体积关系。

在第二次布匿战争前，阿基米德在纸莎草纸上记录了积分的方法，通过船运将这封信从锡拉库萨送到了当时担任亚历山大港大图书馆馆长的埃拉托斯特尼手上。在信的开头，阿基米德写道：

埃拉托斯特尼，我知道你是一位勤奋且精通哲学的教师，而且对数学研究也有着浓厚的兴趣。因此，我将自己发现的特殊方法记下来寄给你。在现在或者将来，一定会有人使用信中的方法发现更多我们尚不可知的定理。

300 年后的公元 1 世纪，数学家和机械学家海伦曾经借读了这封信，这也表明这封信曾经一直被保管在图书馆内。随着罗马帝国的分裂，阿基米德写给朋友的信件大部分遗失了，其中一小部分在拜占庭帝国时期被手工抄在羊皮纸上。这些羊皮纸手稿留下来的只有三本，其他后来都下落不明。这三本的其中一本在 1311 年不知去向，据说还有一本曾经在文艺复兴时期深深地影响了列奥纳多·达·芬奇，不过 1564 年以后就杳无音信了。

幸好第三本手稿流传到了现在，因此我们依然能够直接拜读阿基米德的方法。这本手稿发现于 20 世纪初期，经过约翰·海贝尔的研究与破译，阿基米德数学的全貌得以公之于众。之后，这本手稿也不幸失踪，不过 1998 年它突然出现在佳士得的纽约拍卖行，最后被人匿名拍走。这个人购买手稿后，还拿出巨款对其进行修复和解读。现在我们可以在网上看到手稿的数码照片。

在本章中，我们首先试着将阿基米德的"方法"翻译成现代的数学语言，与此同时还要解释一下积分，最后再谈谈微分。

1 为何先从积分开始？

几乎所有的大学数学教科书都先说明微分后再引入其逆运算——不定积分。而且，用于计算面积的定积分被定义为不定积分的差。虽然按照上述顺序有逻辑地教授数学当然合乎情理，但历史上的发展顺序恰好相反。阿基米德在公元前 3 世纪就研究了用于计算面积的积分，牛顿和莱布尼茨在 17 世纪才想出微分的方法。二者中间相差了 1800 年以上的时间。

在历史上积分先被发现，这其中存在一定原因。积分与面积、体积等具体量的计算有着直接的关系。另外，研究微分前，首先必须准确地理解无穷小和极限等概念。例如物体运动的速度需要通过微分定义，不过因为在古希腊时期并没有确定极限的概念，所以出现了芝诺的"飞矢不动"悖论。

我认为在学习复杂的微分前，最好还是正确把握从直觉上相对容易理解的积分，再来思考其逆运算微分。因此，本书先解释积分。不管你是在大学的微积分课上听得不明不白，还是正在打算开始学习微积分，都可以试着"先从积分开始"。

2　面积究竟如何计算

积分是从计算图形面积开始的。面积的单位包括平方米、平方千米等，即都带有"平方"二字。边长为 1 米的正方形面积等于 1 平方米。也就是说，面积是以正方形作为单位，计算图形的面积相当于几个正方形。

如果是长方形，该如何计算面积呢？在小学阶段，我们就学过长方形的面积是长和宽的乘积，不过现在我们先假装没有学过这个计算公式。

假设已知长方形宽 1 米，长 2 米，那么竖着从正中间将长方形分成两个部分，就得到两个边长为 1 米的正方形，所以长方形的面积就等于 2 平方米。也就是说，长和宽的乘积等于长方形的面积。

接下来再假设 n 和 m 均为自然数，已知长方形宽 n 米，长 m 米，那么只要宽被等分成 n 部分，长度被等分成 m 部分，就能得到 $n \times m$ 个边长为 1 米的正方形（图 7-2）。该长方形的面积正好等于正方形面积的 $n \times m$ 倍，即 $n \times m$ 平方米。结果还是等于长和宽的乘积。

即使长和宽的值是分数，只要使用近似值，就能推算出等于整数的长方形面积，其面积依然等于长和宽的乘积。另外，只要考虑到极限，即使长和宽的值是类似 $\sqrt{2}$ 的无理数，也能用长和宽的乘积来计算面积。

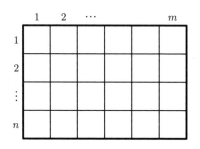

图7-2 n 米 × m 米的长方形能被分割成 $n \times m$ 个正方形

我们在小学还学过三角形的面积等于"底乘以高除以2"。如图 7-3 所示，如果将三角形的面积增加一倍，那么就等于长方形的面积。

不仅是长方形和三角形，只要是折线围成的图形，不管是什么形状，古希腊人都能找

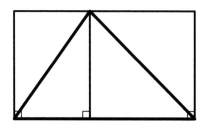

图7-3 三角形面积等于长方形面积的一半

出其面积与三角形面积的关系。正如图 7-4 所示，折线围成的图形即使是不规则的图形，也能用三角形集合来表示，所以只要计算出所有三角形的面积，将计算结果相加就能得到该图形的总面积。

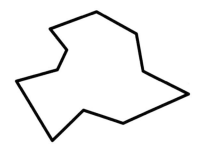

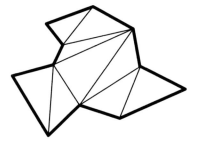

图7-4 折线围成的图形能分割成三角形

3　任何形状都OK，阿基米德的夹逼定理

　　现在我们已经知道，只要是折线围成的图形，就能将其分割成三角形后再计算面积。那么，如果是光滑曲线围成的图形，例如抛物线和圆等，其面积又该如何计算呢？关于这个问题，我们马上就能想到将曲线近似为折线，如图 7-5 所示。所以求曲线围成的图形面积时，只要计算折线图形的近似面积即可。

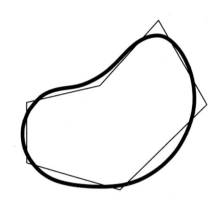

图7-5　曲线围成的图形面积可以近似为折线图形的面积

　　虽然这个想法不错，不过因为近似总是带有误差，所以有必要估算误差的大小。如果可以的话，尽可能将误差降至 0。这个时候，我们先来解释阿基米德研究出来的"方法"。

　　如图 7-6 所示，假设已知曲线围成的图形 A，首先在图形 A 中画出折线围成的图形 B。然后再画出一个围在图形 A 外侧的图形 C。上述三个图形之间成立一个不等式，即面积 (B) ⩽ 面积 (A) ⩽ 面积 (C)。我们暂时无法正确计算出图形 A 的面积，不过图形 A 的面积大于图形 B 的面积（因为是折线图形，

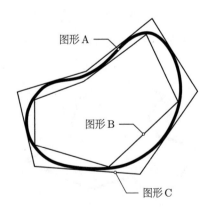

图7-6　阿基米德的夹逼定理

所以可以计算），同时小于图形 C 的面积（因为也是折线图形，所以可以计算）。因此，我们就得出折线图形的近似误差。

　　不过，怎样才能将误差降至 0 呢？阿基米德想到的方法是不仅限于一组折线图形 B 和 C，而是如图 7-7 所示的那样增加顶点数量，使得折线图形不断接近曲线图形 A。因此，这些折线图形可以记作

$$(B_1、C_1), (B_2、C_2), (B_3、C_3), \cdots$$

在每一组图形中，图形 A 包含图形 B_n，同时又被图形 C_n 所包含。那么，三者之间的关系与之前相同，即

$$面积(B_n) \leqslant 面积(A) \leqslant 面积(C_n)$$

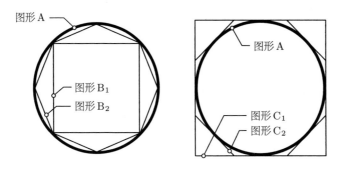

图 7-7　使用阿基米德的夹逼定理计算圆的面积

图形组 $(B_n、C_n)$ 的数值越大，近似值就越精确。近似值越精确就代表图形 B_n 和图形 C_n 的面积越接近图形 A 的面积。不过，我们并不知道图形 A 的面积有多大。那么我们又如何能保证折线图形的面积会不断接近未知的面积呢？

　　阿基米德认为，在 n 不断变大的过程中，

$$面积(C_n) - 面积(B_n)$$

的值会不断变小。所以当 n 是无穷大时，上述公式的差将等于 0。因为图形 A 的面积介于面积 (B_n) 和面积 (C_n) 之间，所以两者均达到极限时的值应该就是图形 A 的面积。据说阿基米德通过借鉴公元前 4 世纪的数学家欧多克索斯的理论，从而研究出了上述方法。因为阿基米德用上述方法成功解决了几何学上的许多问题，所以该方法被称作"阿基米德的夹逼定理"[①]。

接下来我们举例说明如何计算圆的面积。如图 7-7 所示，$(B_1$、$C_1)$ 是正方形，$(B_2$、$C_2)$ 是正八边形，可以推测 $(B_3$、$C_3)$ 是正十六边形，那么 $(B_n$、$C_n)$ 就是正 2^{n+1} 边形。使用 $(B_n$、$C_n)$ 近似圆的面积。用连接圆心和顶点的直线可以将图形 B_n 和图形 C_n 分割成三角形集合。我们可以发现，n 的值每增大 1，两者的面积差

$$面积 (C_n) - 面积 (B_n)$$

就会减小至一半以下。n 的值越大，误差就依次减半，越来越小。因此，当 n 是无穷大时，面积 (C_n) 和面积 (B_n) 的值正好相等，而且这个值就等于圆的面积。这就是阿基米德计算圆的面积的方法。

4 积分究竟计算什么

使用阿基米德的夹逼定理，能计算更复杂的曲线图形的面积。用笛卡儿坐标表示的话，如图 7-8 所示，直线可以表示为 $y = ax + b$，抛物线表示为 $y = x^2$。

---

① 有时也被称作"欧多克索斯的穷竭法"。

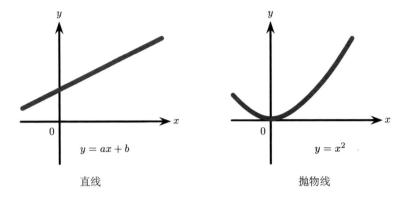

$y = ax + b$

直线

$y = x^2$

抛物线

图7-8　直线与抛物线的坐标表示

假设已知某函数 $f(x)$，那么我们来思考一下曲线 $y = f(x)$。如图7-9所示，假设在区间 $a \leqslant x \leqslant b$ 上 $f(x)$ 的值始终大于 0，那么我们来研究一下曲线 $y = f(x)$ 和 $y = 0$、$x = a$、$x = b$ 这三条直线围成的图形 A（图中的阴影部分）。如果知道如何计算图形 A 的面积，就能通过拼组的方法计算任何曲线围成的图形面积。

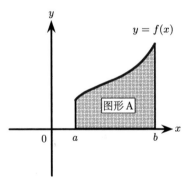

$y = f(x)$

图形 A

图7-9　曲线下面积

曲线 $y = f(x)$ 沿着 y 轴方向上升或下降。为了便于计算，假设在区间 $a \leqslant x \leqslant b$ 上，$y = f(x)$ 一直在增大。在其他情况下，将区间 $a \leqslant b$ 分成两部分，即 $f(x)$ 不断增大的区间和 $f(x)$ 不断减小的区间。只要将以下方法分别代入上述两个区间即可。

为了用阿基米德的夹逼定理来计算图形 A 的面积，首先将区间 $a \leqslant x \leqslant b$ 分成 n 部分，如图 7-10 中的图形 B_n 和 C_n。图形 A 包含图

形 B_n，同时被包含在图形 C_n 中。图形 B_n 和 C_n 均是长方形集合，所以能够计算出面积。

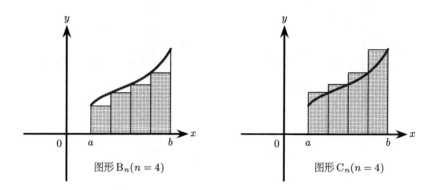

图 7-10　根据阿基米德的夹逼定理，计算曲线下面积

如图 7-11 所示，面积 (C_n) 和面积 (B_n) 的差等于

$$(图形 C_n 的面积) - (图形 B_n 的面积) = (f(b) - f(a)) \times \varepsilon$$

也就是底 $\varepsilon = (b - a)/n$、高 $= (f(b) - f(a))$ 的长方形的面积。n 的值越大，ε 的值就越小，因此图形 B_n 和图形 C_n 的面积就越接近。当 ε 的值达到极限即等于 0 时，两个图形的面积相等。达到极限时的值也就是图形 A 的面积。

按照上述方法计算的图形 A 的面积叫作"函数 $f(x)$ 在区间 $a \leqslant x \leqslant b$ 上的积分"，用公式记作

$$\int_a^b f(x)\mathrm{d}x$$

与牛顿同时创立微积分法的莱布尼茨发明了符号 $\int$，$\int$ 是"求和"（sum）的首字母"S"的意思。"$\mathrm{d}x$"的 d 是指"求差"（difference）的首字母。当将图形近似为长方形集合时，一个长方形的底长等于 $x + \varepsilon$ 和 x 的

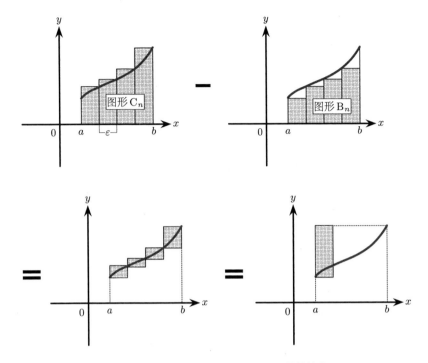

图7-11　n 的值越大，C_n 和 B_n 的面积差就越小

"差"。高为 $f(x)$、底为 ε 的长方形的面积等于 $f(x)\varepsilon$，因此可以用符号 $\mathrm{d}x$ 代替 ε，即 $f(x)\mathrm{d}x$。也就是说，$\int_a^b f(x)\mathrm{d}x$ 中包含着莱布尼茨的想法，即"积分是指在 $x = a$ 到 b 的区间上排列出高等于 $f(x)$、底为 $\mathrm{d}x$ 的长方形，并求出它们的面积之和"。

　　上文中解释的积分沿用了 19 世纪德国数学家波恩哈德·黎曼的定义，所以称作"黎曼积分"。其实积分包括许多类，例如法国数学家亨利·勒贝格提出的"勒贝格积分"、日本数学家伊藤清提出的"伊藤积分"等。黎曼积分足以处理我们在高中所学的函数问题，不过当我们需要处理类似股票价格等随机波动的数值时，则需要用到伊藤积分。伊藤积分还被用于决定期权的价格，因此伊藤清被认为是"在华尔街最有名的日本人"。

5 积分与函数

我们再来根据黎曼的定义计算各种积分。首先，如果求一次函数 $y = x$ 在区间 $x = 0$ 到 $x = a$ 上的积分，结果会如何？如图 7-12 所示，这是一个底为 a、高为 a 的直角三角形的面积，所以应该等于 $a^2/2$。接下来我们验算一下。

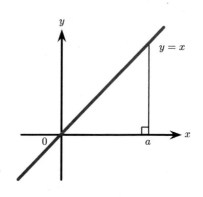

图 7-12　函数 $y = x$

此时，图形 C_n 是底长为 $\varepsilon = a/n$、高为 $\varepsilon, 2\varepsilon, \cdots$ 的长方形集合，那么

$$(\text{图形 } C_n \text{ 的面积})$$
$$= \varepsilon \times \varepsilon + 2\varepsilon \times \varepsilon + \cdots + n\varepsilon \times \varepsilon$$
$$= (1 + 2 + \cdots + n) \times \left(\frac{a}{n}\right)^2$$

从毕达哥拉斯那个时候起，人们就知道如何计算 $(1 + 2 + \cdots + n)$ 的值。计算时，先将其乘以 2，即

$$2 \times (1 + 2 + \cdots + n) = \big[n + (n-1) + \cdots + 1\big] + \big[1 + 2 + \cdots + n\big]$$

等式右边第 1 个方括号中的第 1 项是 n，第 2 个方括号中的第 1 项是 1，因此两项的和等于 $(n + 1)$。两个方括号中的第 2 项分别是 $(n - 1)$ 和 2，两项的和也等于 $(n + 1)$。等式右边总共有 n 个和等于 $(n + 1)$ 的组合，因此右边就等于 $n \times (n + 1)$。因为左边乘以 2，所以最后要除以 2，即

$$1 + 2 + \cdots + n = \frac{1}{2}n(n+1)$$

代入上述公式，即

$$(\text{图形 } C_n \text{ 的面积}) = \frac{1}{2}n(n+1) \times \left(\frac{a}{n}\right)^2 = \frac{1}{2}\left(1 + \frac{1}{n}\right) \times a^2$$

n 的值越大，括号中的 $1/n$ 的值就越能忽略。因此当 n 为无穷大时，面积就等于 $a^2/2$。结果与直接用三角形计算的面积相等。用积分符号表示的话，即

$$\int_0^a x\mathrm{d}x = \frac{a^2}{2}$$

求二次函数 $y = x^2$ 在区间 $x = 0$ 到 $x = a$ 上的面积也使用同一个方法，不过详细解释起来计算过程有点长。阿基米德在公元前 3 世纪就发现了二次函数的积分公式，因此不解释又太可惜了。那么我就简短地解释一下。在二次函数 $y = x^2$ 的情况下，图形 C_n 是底长为 $\varepsilon = a/n$、高为 $\varepsilon^2, (2\varepsilon)^2, \cdots$ 的长方形集合，即

$$\begin{aligned}(\text{图形 } C_n \text{ 的面积}) &= \varepsilon^2 \times \varepsilon + \cdots + (n\varepsilon)^2 \times \varepsilon \\ &= (1^2 + 2^2 + \cdots + n^2) \times \left(\frac{a}{n}\right)^3\end{aligned}$$

此处出现的和可以计算为

$$1^2 + 2^2 + \cdots + n^2 = \frac{1}{3}n^3 + \frac{1}{2}n^2 + \frac{1}{6}n$$

那么

$$(\text{图形 } C_n \text{ 的面积}) = (\frac{1}{3} + \frac{1}{2n} + \frac{1}{6n^2})a^3$$

因此当 n 为无穷大时，可以计算积分

$$\int_0^a x^2 \mathrm{d}x = \frac{a^3}{3}$$

详细说明请参考本书附录中的补充知识。

使用相同的方法，还能计算更高次函数的积分。计算 $y = x^k$ 在区间 $x = 0$ 到 $x = a$ 上的积分时，必须先计算 $(1^k + 2^k + \cdots + n^k)$。1636 年，因"费马大定理"而名声大噪的费马在给朋友的信中提到，因为

$$\frac{n^{k+1}}{k+1} < 1^k + 2^k + \cdots + n^k < \frac{(n+1)^k}{k+1}$$

所以能计算 $y = x^k$ 的积分。其实只要使用上述不等式和阿基米德的夹逼定理，就能得出

$$\int_0^a x^k \mathrm{d}x = \frac{a^{k+1}}{k+1}$$

江户时代的日本数学家关孝和发现了计算对于 k 的 $1^k + 2^k + \cdots + n^k$ 的正确公式。关孝和逝世后，他的弟子们在 1712 年出版了《发微算法》，书中就提到了上述公式。然而凑巧的是，1713 年出版的雅各布·伯努利遗稿中，也记录了相同的公式。伯努利是第 3 章第 4 节中"奈皮尔常数"的发现者。

最后欧拉证明了关孝和与伯努利的公式。由于当时日本采取锁国政策，因此欧拉无从得知关孝和的业绩。正因为如此，他将上述公式中的系数称作伯努利数，这个叫法一直沿用至今。既然关孝和与伯努利独立发现了上述公式，那么应该称之为关 - 伯努利数。

6　飞矢不动？

积分与面积和体积的计算有关，而微分则与速度的计算有关。既然要思考速度，那芝诺又要出场了。我们在第 5 章中已经讲过芝诺的悖论"阿喀琉斯追龟"，现在来谈谈他的另一个悖论。

我们思考一下离弦之箭的情况。时间是瞬间的集合，那么离弦后的箭在飞行过程中的任何瞬间都处于一个固定位置。既然是固定位置，那就和不动没有什么区别，因此"飞矢不动"是一个悖论。当然，上述命题听起来十分愚蠢。那么到底哪里出错了呢？

首先我们来反思一下速度是什么。假设 1 小时能步行 3.6 千米，那么速度就为 3.6 千米/小时。速度是指移动的距离除以所花费的时间，即

$$\frac{3.6\ \text{千米}}{1\ \text{小时}} = \frac{60\ \text{米}}{1\ \text{分钟}}$$

如果再次缩短时间，即

$$\frac{60\ \text{米}}{1\ \text{分钟}} = \frac{1\ \text{米}}{1\ \text{秒}}$$

速度就变为了 1 米/秒。随着时间的缩短，移动的距离也会变短，如果保持相同的移动速度，那么时间与距离之比也不会发生变化。只要时间逐渐缩短至 0 即达到极限，应该就能定义某个瞬间的速度。

假设在直线上从左向右移动，用直线的坐标 x 来判断位置。将时刻 t 所在的位置记作 $x(t)$，从时刻 t 到 t' 的区间内只移动了 $(x(t') - x(t))$。移动时的平均速度等于 $(x(t') - x(t)) \div (t' - t)$。因此，如果 t' 不断向 t 靠近，那么在极限 $t' = t$ 时应该能够计算出时刻 t 的速度。不过，因为在极限的情况下 $x(t') - x(t)$ 和 $t' - t$ 的结果均等于 0，所以如果

计算 $0 \div 0$，那么计算过程就变得莫名其妙。计算时需要注意。

假设 $x(t) = t$，那么

$$\frac{x(t') - x(t)}{t' - t} = \frac{t' - t}{t' - t} = 1$$

之所以在极限的情况下很容易出现 $0 \div 0$ 的错误，是因为分子和分母都存在 $(t' - t)$。不过只要事先将双方的 $(t' - t)$ 相抵消，即使假设 $t' = t$ 也不会出现任何问题。

接着思考一下 $x(t) = t^2$ 时的情况，即

$$\frac{x(t') - x(t)}{t' - t} = \frac{t'^2 - t^2}{t' - t} = \frac{(t' - t)(t' + t)}{t' - t} = t' + t$$

上述公式中的分子和分母抵消了 $(t' - t)$。抵消后，假设 $t' = t$，那么速度等于 $2t$。也就是说，速度和 t 成正比。

为了计算某个瞬间的速度，思考 $(x(t') - x(t)) \div (t' - t)$ 中 $t' \to t$ 的极限时，容易出现 $0 \div 0$ 的问题。不过之前的例子已经表明，只要先抵消分子和分母中的 $(t' - t)$ 后再求极限，就不会出现任何问题。用微分的定义可以表示为

$$\frac{\mathrm{d}x(t)}{\mathrm{d}t} = \lim_{t' \to t} \frac{x(t') - x(t)}{t' - t}$$

等式右边的符号 lim 是 "limit"（极限）的意思。虽然英国的牛顿和德国的莱布尼茨独立发现了微分，不过与积分一样，微分的表达方式 $\mathrm{d}x/\mathrm{d}t$ 也是由莱布尼茨所发明。

回到芝诺的悖论，其中的问题在于

$$\frac{x(t') - x(t)}{t' - t}$$

以及如何计算 $t' \to t$ 的极限。如果随意计算分子和分母的极限，容易引发悖论。如果先假设分子 $x(t') - x(t)$ 等于 0，那么上述算式就是

$0 \div (t' - t)$，之后不管分母 $(t' - t)$ 的值多小，算式都等于 0。这就是 "飞矢不动" 的根本含义。也就是说，芝诺的悖论错在处理极限的方法。不是要单独思考分子和分母的极限，而是将 $(x(t') - x(t)) \div (t' - t)$ 的分子和分母看成一个整体，对其计算 $t' \to t$ 的极限，"瞬间的速度" 才具有意义。从芝诺的时代到牛顿和莱布尼茨真正理解其中含义，中间大约相隔了 2100 年的时间。

7　微分是积分的逆运算

微分是积分的逆运算，这是牛顿和莱布尼茨最重要的发现之一。假设已知函数 $f(x)$，$f(x)$ 在 0 到 a 的区间上的积分表示为

$$\int_0^a f(x)\mathrm{d}x$$

可以将其看作 a 的函数。再对 a 微分得到

$$\frac{\mathrm{d}}{\mathrm{d}a} \int_0^a f(x)\mathrm{d}x = f(a)$$

代入原函数 $f(x)$，即 $x = a$。这意味着微分是积分的逆运算。

接下来进行证明。如果图形 A 可以被分为图形 B 和图形 C，即

$$面积\,(\mathrm{A}) = 面积\,(\mathrm{B}) + 面积\,(\mathrm{C})$$

假设图形 A 是曲线 $y = f(x)$ 下面的区间 $0 \leqslant x \leqslant b$。将该区间分成两部分，即 $0 \leqslant x \leqslant a$ 和 $a \leqslant x \leqslant b$。那么面积也被分成

$$\int_0^b f(x)\mathrm{d}x = \int_0^a f(x)\mathrm{d}x + \int_a^b f(x)\mathrm{d}x$$

因此，将等式右边的第一项移至左边，得到

$$\int_0^b f(x)\mathrm{d}x - \int_0^a f(x)\mathrm{d}x = \int_a^b f(x)\mathrm{d}x$$

将上述等式代入微分的定义中，那么

$$\frac{\mathrm{d}}{\mathrm{d}a}\int_0^a f(x)\mathrm{d}x = \lim_{a' \to a}\frac{\int_0^{a'} f(x)\mathrm{d}x - \int_0^a f(x)\mathrm{d}x}{a' - a} = \lim_{a' \to a}\frac{\int_a^{a'} f(x)\mathrm{d}x}{a' - a}$$

为了计算微分，使 a' 的值不断变小并趋近 a，那么在短区间 $a < x < a'$ 上，$f(x)$ 的值几乎不变。因此积分 $\int_a^{a'} f(x)\mathrm{d}x$ 可以近似等于底为 $(a' - a)$、高为 $f(a)$ 的长方形面积，即

$$\int_a^{a'} f(x)\mathrm{d}x \approx (a' - a) \times f(a)$$

将上述公式代到上面的公式中，得到

$$\frac{\mathrm{d}}{\mathrm{d}a}\int_0^a f(x)\mathrm{d}x = \lim_{a' \to a}\frac{(a' - a) \times f(a)}{a' - a} = f(a)$$

我们可以发现，对积分进行微分后又重新回到了原函数。反之，如果对函数进行微分后再进行积分，那么又会回到最初的状态。

$$\int_a^b \frac{\mathrm{d}f(x)}{\mathrm{d}x}\,\mathrm{d}x = f(b) - f(a)$$

牛顿和莱布尼茨的"微积分学基本定理"指的就是微分和积分是逆运算。

在日本的高中教材中，通常先定义微分，然后再定义积分是其逆运算。所以在日本的高中数学中，"微积分学基本定理"不是定理，而是积分的定义。在本章中，我们已经将积分定义为"曲线 $y = f(x)$ 的曲线下面积"，所以"微积分学基本定理"就是一个定理。

8 指数函数的微分与积分

与积分相比，微分是更高级的数学概念，更需要注意处理极限的方法。尽管如此，日本的高中仍然先教微分，原因之一在于微分的计算相对比较简单。

第 3 章讲过使用自然常数 e 的指数函数 $f(x) = \mathrm{e}^x$，接下来我们计算一下该指数函数的微分，首先将其代入微分的定义，得到

$$\frac{\mathrm{d}\mathrm{e}^x}{\mathrm{d}x} = \lim_{x' \to x} \frac{\mathrm{e}^{x'} - \mathrm{e}^x}{x' - x}$$

在第 3 章中，我们已经说明了指数函数具有以下性质：

$$\mathrm{e}^{x+y} = \mathrm{e}^x \times \mathrm{e}^y$$

使用上述公式，等式右边的分子等于

$$\mathrm{e}^{x'} - \mathrm{e}^x = (\mathrm{e}^{x'-x} - 1) \times \mathrm{e}^x$$

因此指数函数的微分可以表示为

$$\frac{\mathrm{d}\mathrm{e}^x}{\mathrm{d}x} = \left(\lim_{x' \to x} \frac{\mathrm{e}^{x'-x} - 1}{x' - x} \right) \times \mathrm{e}^x$$

假设等式右边的 $x' - x = \varepsilon$，那么 $x' \to x$ 的极限等于 $\varepsilon \to 0$。所以

$$\frac{\mathrm{d}\mathrm{e}^x}{\mathrm{d}x} = \left(\lim_{\epsilon \to 0} \frac{\mathrm{e}^\varepsilon - 1}{\varepsilon} \right) \times \mathrm{e}^x$$

上述等式右边的极限值为

$$\lim_{\epsilon \to 0} \frac{\mathrm{e}^\varepsilon - 1}{\varepsilon} = 1$$

证明过程虽然简单，但仍然需要计算。因此，详情请参阅本书附录中的补充知识。使用上述公式，我们可以发现指数函数 e^x 的微分是其本身。

$$\frac{de^x}{dx} = e^x$$

既然能够计算微分，那么根据"微积分学基本定理"就能简单地计算积分。首先，分别对上述微分公式的两边进行积分，即

$$\int_a^b \frac{de^x}{dx}dx = \int_a^b e^x dx$$

在上述等式的左边使用基本定理，得到

$$\int_a^b \frac{de^x}{dx}dx = e^b - e^a$$

因此，

$$\int_a^b e^x dx = e^b - e^a$$

不用借助微分，就能使用定理直接计算指数函数的积分。详情请参阅本书附录中的补充知识。阅读完以后，你会发现与微分相比，积分的计算有多么复杂！

对于三角函数 $\sin x$、$\cos x$ 和 $\tan x$，积分也能作为微分的逆运算进行计算。详情也请参阅本书附录中的补充知识。

对于指数函数、三角函数等高中阶段学习的函数，微分的计算比积分简单。但是，除幂函数、指数函数和三角函数以外，能够精确计算微积分的函数非常少。出现在数学应用中的函数，虽然其中也有一些能够使用上述三种函数中的其中一种函数进行近似，不过大多数的

函数只能通过计算机进行数值计算。虽然懂得如何计算指数函数和三角函数的微积分会有帮助，但作为必须要掌握的知识，微分和积分显得尤为重要，因此首先要正确理解微分和积分所包含的意思。正因为如此，本章的内容才从积分开始谈起。

第8章
真实存在的"假想的数"

序 假想的朋友，假想的数

你刚上托儿所时，园长曾经给我提了好多建议，其中有一条是"假想的朋友"，这指的是把 2 岁到 7 岁的小孩当作自己假想朋友的现象。也许有时候会在半夜从孩子房中传来愉快的自言自语声，或者父母与孩子之间时而会出现以下对话。

孩子： 苏菲总是刁难我。

父母： 苏菲是谁呀？

孩子： 她就住在我房间的衣橱里。

不过不需要担心，与假想的朋友对话有助于小孩的心理成长。调查表明，在美国，7 岁前的小孩中将近七成拥有自己的假想朋友。

正如假想的朋友有助于小孩成长，假想的数对数学的发展也起到重要的作用。假想的数也就是所谓"虚数"。在日语中，"虚数"听起来像是神秘的数，其实英语中叫作"imaginary number"，也就是人类虚构出来的数。

等小孩上了小学，假想的朋友自然而然就会消失。他们忙着跟现实中的朋友一起玩，突然有一天打开衣橱，发现假想的朋友早已不见踪影。反之，随着数学的发展，假想的数却越来越有现实感，几乎活跃在数学的所有领域中。

虚数也出现在一个著名的公式中，如下所示：

$$e^{i\pi} + 1 = 0$$

在上述公式中，自然常数 e、圆周率 π、乘以任何数都等于该数本身的"乘法运算的单位"1、加上任何数都等于该数本身的"加法运算的单位"0以及本章的主角"虚数单位"i 齐聚一堂。在小川洋子的《博士的爱情算式》中，博士写在便笺上的这个公式消除了嫂子和保姆二人心中的隔阂。稍后，我们将解释这个公式成立的理由及其包含的意义。

1 平方为负的奇怪的数

我们在初中三年级学过二次方程

$$Ax^2 + Bx + C = 0$$

的解是

$$x = \frac{-B \pm \sqrt{B^2 - 4AC}}{2A}$$

不过，只有在平方根中的值不是负数时，上述求根公式才能得到实数根。平方根中的算式 $(B^2 - 4AC)$ 称作二次方程根的“判别式”。

以下是判别式 $(B^2 - 4AC)$ 为负数时的一个二次方程：

$$x^2 + 1 = 0$$

在上述方程中，因为判别式 $B^2 - 4AC = -4$ 即负数，所以没有实数根。

为了更好地理解没有实数根，首先作抛物线 $y = x^2 + 1$ 的曲线图，如图 8-1 所示。只要上述公式中 $y = 0$，那么就等于原方程 $x^2 + 1 = 0$。该方程的根就相当于抛物线的曲线与 x 轴 $(y = 0)$ 相交时 x 的值。然而，在这个情况下，抛物线位于 x 轴的上方，并没有与 x 轴相交。只要 x 是实数，$x^2 + 1$ 的值都是正数，抛物线 $y = x^2 + 1$ 也永远位于 x 轴的上方。所以，该方程没有实数根。

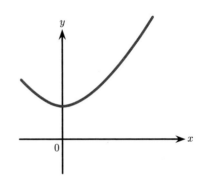

图 8-1　$y = x^2 + 1$ 的曲线与 x 轴不相交

虚数常被解释是用于解没有实数根的二次方程，其实不然。在历史上，数学家真正开始认真思考虚数并不是因为二次方程，而是为了研究三次方程的解法。在二次方程中，只要提出“判别式 $(B^2 - 4AC)$ 为负数的方程没有实数根”，问题就此解决。根本不需要引入虚数的概念强行求解。

然而，二次方程的方法并不适用于三次方程。方程

$$x^3 - 6x + 2 = 0$$

存在 3 个实数根。想要进行确认，只要如图 8-2 作 $y = x^3 - 6x + 2$ 的曲

线图即可。在曲线图中，曲线与 x 轴有 3 个交点，因此可以证明 $x^3 - 6x + 2 = 0$ 确实有 3 个实数根。

正如二次方程有求根公式，三次方程的根同样可以用平方根 $\sqrt{}$ 和立方根 $\sqrt[3]{}$ 来表示。虽然该解法是由 16 世纪初期的意大利数学家希皮奥内·德尔·费

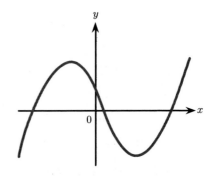

图 8-2　$y = x^3 - 6x + 2$ 的曲线与 x 轴有 3 个交点

罗和尼科洛·塔尔塔利亚单独发现的，不过由于发表于吉罗拉莫·卡尔达诺的著作《大术》，因此也被叫作卡尔达诺公式。我们到第 9 章介绍伽罗瓦理论时再来解释卡尔达诺公式。

将 $x^3 - 6x + 2 = 0$ 代入卡尔达诺公式，得出其中的一个根是

$$x = \sqrt[3]{-1 + \sqrt{-7}} + \sqrt[3]{-1 - \sqrt{-7}}$$

虽然求出的根是实数，但等式右边出现了 $\sqrt{-7}$。实数求平方后，其结果不是 0 就是正数，因此 $\sqrt{-7}$ 绝对不是实数，而是虚数。但是，如果不深入思考其中所包含的意义，只要计算 $(\sqrt{-7})^2 = -7$，就能得到方程 $x^3 - 6x + 2 = 0$ 的根。计算过程很简单，你可以自己进行验算。

尽管包含负数，等式右边的计算结果却是实数。既然计算结果是实数，那么看起来公式中单单使用实数也可以。然而，如果要通过平方根和立方根来求方程 $x^3 - 6x + 2 = 0$ 的根，必须要使用虚数。不管如何努力，16 世纪的数学家终究无法排除求根公式中的虚数。而且，直到 19 世纪发现伽罗瓦理论以后，人们才明白其中的原因。

明明存在实数根，表示时却必须用到虚数。数学家认为类似 $\sqrt{-7}$ 的虚数只不过是使用卡尔达诺公式时出现的一个便利表达形式，其本

身并不包含任何意义。正如小孩长大后假想的朋友随之消失，数学家认为 $\sqrt{-7}$ 也是假想的数，所以计算过程结束后同样也会消失不见。

但是在之后的几个世纪中，假想的数逐渐活跃在数学的各类问题中。同时，数学家对于扩展"数"这个概念的抵抗意识也在不断减弱。第 2 章讲过，欧洲人到了 17 世纪后期才普遍接受了"负数"。而且，直到进入 19 世纪，人们才明白了虚数所包含的意义。

2 从一维的实数到二维的复数

实数求平方后，其结果不是 0 就是正数。之所以会等于 0，是因为原实数就是 0。因此，在实数范围内不存在平方后值等于负数的数。那么如果要寻找平方后值等于负数的数，就必须跳出实数的范围。

回顾一下第 6 章中的笛卡儿坐标。在笛卡儿坐标中，使用实数对 (a, b) 来指定二维平面内的点。那么，将该数对本身看作一个数，并且定义其可以进行加法运算、减法运算、乘法运算和除法运算。因为一组是由两个实数构成的，所以也意味着存在复数个要素，并叫作"复数"。

也许将数对 (a, b) 看作一个新"数"是奇思妙想，不过仔细想想，分数也是一个由两个整数组成的数对。分数 a/b 就是一个整数对 $[a:b]$。分数的加法运算如下所示：

$$\frac{a}{b} + \frac{c}{d} = \frac{ad + bc}{bd}$$

不过，如果将其看作对于数组 $[a:b]$ 的运算，那么

$$[a:b] + [c:d] = [(ad + bc):bd]$$

与此相同，分数的乘法运算

$$\frac{a}{b} \times \frac{c}{d} = \frac{ac}{bd}$$

可以解释为

$$[a:b] \times [c:d] = [ac:bd]$$

也就是说，对于整数对 $[a:b]$，分数可以被定义为类似上述等式的加法运算和乘法运算。不过，分数还有另一个性质，即约分：

$$\frac{a \times c}{b \times c} = \frac{a}{b}$$

尽管是不同的整数对，但如果数对中的数之比相同，就能看作相同的数。

在复数中，同样要考虑数对。接下来看看实数对。不过在这个情况下，约分法则不成立。而且，加法运算和乘法运算的方法也与分数不同。

首先，假设加法运算和减法运算的法则如下：

$$(a, b) \pm (c, d) = (a \pm c, b \pm d)$$

只要规定加法运算的法则，乘法运算的法则自然也随之确定。第2章中讲过的"三条运算法则"即结合律、交换律和分配律必须成立。仿照第6章中引用的笛卡儿《方法论》，"完全列举"乘法运算法则适用范围的话，那么只有以下可能[1]：

$$(a, b) \times (c, d) = (a \times c - b \times d, a \times d + b \times c)$$

---

[1] 实际上，除此之外"完全列举"还有另外两种可能。第一种是 $(a, b) \times (c, d) = (a \times c, b \times d)$。不过在这个情况下，不管是加法运算还是乘法运算，单纯组合两个实数的话无法产生新"数"。第二种是 $(a, b) \times (c, d) = (ac, ad + bc)$。不过在这个情况下，对于任何实数 b、d，如果是 $(0, b) \times (0, d)$ 的话，就无法进行除法运算。因此，只有本章中所提出的情况才是自然地扩张到数的二维平面。

乘法运算确定后，除法运算就是其逆运算，即

$$(a, b) \div (c, d) = \left(\frac{a \times c + b \times d}{c^2 + d^2}, \frac{b \times c - a \times d}{c^2 + d^2} \right)$$

属于复数。因为可以灵活地进行加减乘除运算，同时还满足计算的基本法则，所以就可以将实数组 (a, b) 当作"数"。当然，既然是"实数的扩张"，那么必须要包含实数在内。在复数的世界中，可以将数 $(a, 0)$ 看作实数。接下来详细说明。

假设实数 a 表示直线上的位置，那么数对 (a, b) 表示的是二维平面内的位置。如果将平面代入笛卡儿坐标，那么 a 是 x 轴上的值，b 是 y 轴上的值。也就是说，这个平面是复数的世界。因此，$(a, 0)$ 在 x 轴上。如果将其代入前面定义的复数的加法运算和乘法运算法则，即

$$(a, 0) + (c, 0) = (a + c, 0), \quad (a, 0) \times (c, 0) = (a \times c, 0)$$

这与普通实数 a 和 c 的加法运算及乘法运算的法则相同。也就是说，在表示复数的平面中，实数位于 x 轴上。从一维的实数世界走进二维的世界，这就是"扩张到复数"。

因为加法运算的公式是 $(a, b) + (c, d) = (a + c, b + d)$，所以复数 (a, b) 可以记作

$$(a, b) = (a, 0) + (0, b)$$

等式右边的 $(a, 0)$ 部分是普通实数，因此加上 $(0, b)$ 就是"扩张"的部分。在 $x - y$ 平面中，虽然 $(0, b)$ 对应 y 轴上的点，但其乘法运算法则与普通实数的乘法运算法则相同。在前面提到的 $(a, b) \times (c, d)$ 的乘法运算公式中，假设 $a = c = 0$，那么

$$(0, b) \times (0, d) = (-b \times d, 0)$$

特别是当 $b = d = 1$ 时，

$$(0, 1) \times (0, 1) = (-1, 0)$$

上述算式中的 $(-1, 0)$ 相当于实数 -1，因此可以记作

$$(0, 1)^2 = -1$$

这正是没有实数根的方程

$$x^2 + 1 = 0$$

的根。

在实数范围内，因为 1 乘以任何数都等于该数本身，所以被叫作乘法运算的单位。将数的概念扩张到复数后，出现了平方后值等于 -1 的数 $(0, 1)$。这被称为虚数单位，用符号 i 表示。也就是说，

$$i = (0, 1) = \sqrt{-1}$$

复数可以分解成 $(a, b) = (a, 0) + (0, b)$。$(a, 0)$ 等于实数 a，使用虚数单位 i，$(0, b)$ 可以写作 ib。因此，(a, b) 可以表示为

$$(a, b) = a + ib$$

上述等式是在高中阶段会学到的复数表达形式。

相传古希腊的数学家和机械学家海伦最早发现了平方后值等于 -1 的数。他就是第 7 章中借阅阿基米德信件的那个人。但是，关于虚数是否具有数学意义的问题，足足让数学家烦恼了 1000 多年。例如笛卡儿就不相信虚数的存在，认为它不是存在于现实中，而是数学家假想出来的数，所以给它取名为 "nombre imaginaire"。这也是英语 "imaginary number" 和日语 "虚数" 的词源。

复数真正在数学中获得一席之地,主要归功于高斯,因为高斯提出了将复数表示为平面内的位置[①],如图 8-3 所示。有趣的是,笛卡儿对复数的存在持怀疑态度,最终高斯却是使用他所发现的笛卡儿坐标给复数奠定了基础。表示复数的平面叫作"复平面"或者"高斯平面"。接下来我们通过高斯的发现来理解复数。

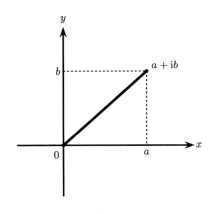

图 8-3　高斯平面(复平面)

只要使用复数,就能解所有的二次方程。对于任何实数 A、B、C,

$$Ax^2 + Bx + C = 0$$

的根等于

$$x = \frac{-B \pm \sqrt{B^2 - 4AC}}{2A}$$

在 $B^2 - 4AC < 0$ 的情况下,只要将其看作

$$x = \frac{-B \pm \mathrm{i}\sqrt{4AC - B^2}}{2A}$$

即可。即使 A、B、C 均为复数,上述公式同样成立。处理方式灵活也是复数固有的特色。

想要灵活地解二次方程,必须用到复数。那么,如果碰到三次方程或四次方程,又该如何是好呢?是否需要进一步扩展数的概念?与

[①] 其实挪威的数学家卡斯帕尔·韦塞尔最早发现了复数的几何意义,不过因为当时他用丹麦语发表自己的见解,所以很少有人知道。6 年后高斯也独立发现了复数的几何意义。

牛顿同时发现微积分法的莱布尼茨提出，即便使用复数也无法解四次方程。例如 $x^4 + 1 = 0$，因为其可以改写成

$$x^4 + 1 = (x^2 + i)(x^2 - i) = 0$$

所以 $x^2 = \pm i$。假设 $x^2 = i$，那么其平方根 $x = \pm\sqrt{i}$。莱布尼茨认为 $\sqrt{i}$ 不属于复数，因此复数无法解上述方程。然而，莱布尼茨犯了一个错误。只要使用虚数单位的性质即 $i^2 = -1$，那么

$$\left(\frac{1}{\sqrt{2}} + \frac{i}{\sqrt{2}}\right)^2 = \frac{(1+i)^2}{2} = \frac{1 + 2i + i^2}{2} = i$$

因此可以使用复数来表示，即

$$\sqrt{i} = \frac{1}{\sqrt{2}} + \frac{i}{\sqrt{2}}$$

实际上，不管是几次方程，只要使用复数就能迎刃而解。这也是数学定理中最重要的定理之一，即"代数学基本定理"。高斯在 22 岁时发表的学位论文中成功证明了这条定理。而且，高斯还意识到这条定理的重要性，后来又提出了 3 种证明方法。最后一次证明是在他 72 岁的时候，距离第一次证明时隔 50 年。

将复数当作一个实数对，将这个数对看作一个数，并且能够进行加法运算、减法运算、乘法运算和除法运算。但是，为什么必须是两个数组成的实数对呢？或者说我们是否可以进一步扩展数的概念，思考由三个数组成的实数对呢？

19 世纪的爱尔兰数学家和物理学家威廉·哈密尔顿就针对上述问题展开了研究。他花了 10 年的时间，试图从由三个数组成的实数对中找出新数。哈密尔顿每晚在书房研究至深夜，早晨起床后他的孩子们总会习惯性地问他："爸爸，你解决实数对的乘法运算问题了吗？"然而，他只能回答说："没有，目前只解决了加法运算和减法运算的问题。"

1843 年 10 月 16 日，哈密尔顿和妻子跟往常一样在都柏林的运河畔散步，他站在布鲁穆桥上突然灵光一闪，想到不是用三个数，而是用由四个数组成的数对。哈密尔顿立刻拿出随身携带的小刀，将对于由四个数组成的数对的乘法运算法则刻在了桥上（图 8-4）。这个数被称作"四元数"。

图 8-4　布鲁穆桥上纪念哈密尔顿发现的牌子（JP 提供）

四元数会出现在各种数学问题中，不过没有复数那么常用。接下来我们重新回到有关复数的话题。

3　复数的乘法运算"旋转与伸长"

接下来思考在高斯平面内如何进行复数的加法运算和乘法运算。

首先，加法运算表示如下：

$$(a, b) + (c, d) = (a + c, b + d)$$

用虚数单位 i 的话，那么可以表示为

$$(a, \mathrm{i}b) + (c, \mathrm{i}d) = (a + c) + \mathrm{i}(b + d)$$

如图8-5所示，如果作一个以原点、(a, b)、(c, d)为顶点的平行四边形，那么两个复数之和$(a + c, b + d)$就是该平行四边形的另一个顶点。这也是复数加法运算的几何学意义。

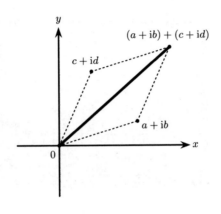

图8-5 两个复数之和

那么，乘法运算又如何呢？使用乘法的分配律，即

$$(a, \mathrm{i}b) \times (c, \mathrm{i}d) = a \times (c + \mathrm{i}d) + \mathrm{i}b \times (c + \mathrm{i}d)$$

因此，分别进行实数的乘法运算$a \times (c + \mathrm{i}d)$和虚数的乘法运算$\mathrm{i}b \times (c + \mathrm{i}d)$，然后再将其计算结果组合在一起。

首先再次使用分配律，计算复数乘以实数$a \times (c + \mathrm{i}d)$，

$$a \times (c + \mathrm{i}d) = a \times c + \mathrm{i}a \times d$$

将其代入高斯平面中，(c, d)变成了$(a \times c, a \times d)$。如果a为正数，那么如图8-6所示，$(a \times c, \ a \times d)$沿相同方向从原点朝$(c, d)$伸长$a$倍。如果$a$为负数，则沿相反方向。

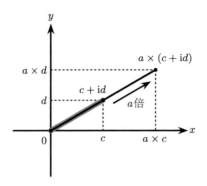

图8-6 复数与实数相乘时,沿相同方向伸长

那么,复数与虚数相乘时结果又是什么呢?首先,将 $(c+id)$ 乘以虚数单位 i,使用 $i \times i = -1$,得到

$$i \times (c+id) = ic - d = -d + ic$$

也就是说,(c, d) 变成了 $(-d, c)$。如图 8-7 所示,$(-d, c)$ 相当于是 (c, d) 以原点为中心沿逆时针方向旋转了 $90°$。

所以,复数乘以虚数单位 i 后,复数旋转 $90°$。如果连续相乘两次,那么就旋转 $180°$,与乘以 -1 后的结果相一致。这也证明了 $i \times i = -1$。

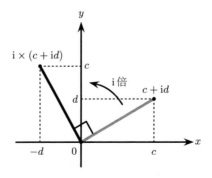

图8-7 复数与虚数单位 i 相乘时,旋转 $90°$

刚才思考的是虚数单位的乘法运算。如果将其乘以 b 倍，即在 ib 的乘法运算中，那么

$$ib \times (c + id) = -b \times d + ib \times c$$

在高斯平面内，位置 (c, d) 变成了 $(-b \times d, b \times c)$。这相当于是先旋转 $90°$ 再伸长 b 倍。

在实数 a 的乘法运算中，高斯平面内的复数 (c, d) 到原点的距离伸长了 a 倍。在虚数 ib 的乘法运算中，(c, d) 先旋转了 $90°$ 再伸长了 b 倍。那么实数 a 与虚数 ib 组成的 $(a + ib)$ 的乘法运算又是什么情况呢？

首先，如图 8-8 所示，作一个以原点、(a, b)，以及与 x 轴垂直相交的交点 $(a, 0)$ 为顶点的直角三角形。假设底边和斜边的角度为 θ，斜边长为 $r = \sqrt{a^2 + b^2}$。

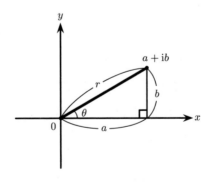

图 8-8　作一个以原点、$(a, 0)$ 和 (a, b) 为顶点的直角三角形，其斜边长 $r = \sqrt{a^2 + b^2}$

接着，如图 8-9 所示，作一个以原点、$a \times (c + id)$、$(a + ib) \times (c + id)$ 为顶点的三角形。$a \times (c + id)$ 相当于是 $(c + id)$ 伸长 a 倍。而且，$ib \times (c + id)$ 相当于是 $(c + id)$ 沿逆时针方向旋转 $90°$ 后再伸长 b 倍。因此，连接三角形 $a \times (c + id)$ 和 $(a + ib) \times (c + id)$ 的边与 $a \times (c + id)$ 垂直相交且伸长 b 倍。

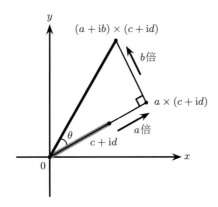

图 8-9 复数的乘法运算是"旋转与伸长"

也就是说,无论是图 8-8 中的三角形还是图 8-9 中的三角形,连接直角的两条边长之比都等于 $a:b$,所以这两个三角形是相似图形。在图 8-8 中,三角形的底边和斜边的角度为 θ,边长之比为 r。既然该三角形与图 8-9 中的三角形相似,那么 $(a+ib) \times (c+id)$ 相当于是 $(c+id)$ 以原点为中心旋转 $\theta°$,再伸长 r 倍。

也就是说,复数的乘法运算就是在高斯平面内的位置以原点为中心先旋转再伸长。喜欢通过组合单词来创造新词的德国人将复数的乘法运算叫作"Drehstreckung",也就是"旋转与伸长"。

4 从加法导出的加法定理

复数的乘法运算是"旋转与伸长",因此如果通过高斯平面内距离原点的长度和角度来确定 $(a+ib)$ 的位置,那么就相当方便。

首先我们来复习一下三角函数。三角函数表示为 $\sin\theta$ 或 $\cos\theta$ 时,θ 是指用"弧度"单位测量的角度。此时,圆周的角度不是 360°,而是

以 2π 为单位。如图 8-10 所示，定义三角函数时，首先作一个顶点分别为 a、b、c 的直角三角形，假设顶点 a 的角度为 θ，顶点 b 的角度为 $90°$。那么，$\sin\theta$ 定义为高与斜边之比，即

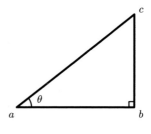

$$\sin\theta = \frac{\overline{bc}}{\overline{ac}}$$

图 8-10　为了定义三角函数而作的直角三角形

$\cos\theta$ 定义为底边与斜边之比，即

$$\cos\theta = \frac{\overline{ab}}{\overline{ac}}$$

准备工作就绪后，接着在高斯平面内通过长度和角度来确定复数 $(a+ib)$ 的位置。重新回顾一下图 8-8。如果使用三角函数，那么底边 a 与高 b 可以分别表示为

$$a = r\cos\theta, \quad b = r\sin\theta$$

因此可以确定 (r, θ) 到 (a, b)，将其代入复数 $(a+ib)$ 中，得到

$$a + ib = r(\cos\theta + i\sin\theta)$$

也就是说，使用长度和角度的数对 (r, θ) 替代笛卡儿坐标 (a, b)，也能确定复数的位置。这被称作"极坐标"。极代表原点，又因为通过到原点的距离和角度来确定位置，所以取名"极坐标"。

　　使用复数的"旋转与伸长"，就能简单地推导出三角函数的加法定理。首先作一个以原点为圆心、半径为 1 的圆，然后将圆上的两点分别表示为复数 z_1 和 z_2。因为两点到原点的距离均为 1，所以只要使用极坐标，那么

$$z_1 = \cos\theta_1 + i\sin\theta_1, \quad z_2 = \cos\theta_2 + i\sin\theta_2$$

因为复数的乘法运算是"旋转与伸长"，所以 $z_1 \times z_2$ 相当于将 z_2 旋转 θ_1 度（因为 $r_1 = r_2 = 1$，所以不需要伸长）。而且，因为原来 z_2 距离原点的角度是 θ_2，所以既然只旋转了 θ_1 度，那么最终的角度等于 $(\theta_1 + \theta_2)$。等式表示如下：

$$(\cos\theta_1 + i\sin\theta_1) \times (\cos\theta_2 + i\sin\theta_2) = \cos(\theta_1 + \theta_2) + i\sin(\theta_1 + \theta_2)$$

展开上述等式的左边部分，分别用等号连接两边的实数部分和虚数部分，那么

$$\cos\theta_1\cos\theta_2 - \sin\theta_1\sin\theta_2 = \cos(\theta_1 + \theta_2)$$
$$\sin\theta_1\cos\theta_2 + \cos\theta_1\sin\theta_2 = \sin(\theta_1 + \theta_2)$$

这就是三角函数的加法定理。

5　用方程解决几何问题

三角函数的加法定理能用复数表示为

$$(\cos\theta_1 + i\sin\theta_1) \times (\cos\theta_2 + i\sin\theta_2) = \cos(\theta_1 + \theta_2) + i\sin(\theta_1 + \theta_2)$$

在第3章中，我们讲过指数函数的性质即"乘法运算等于指数的加法运算"：

$$e^{x_1} \times e^{x_2} = e^{x_1 + x_2}$$

三角函数的加法定理与上述性质相似。两者都是等式左边是乘法运算，等式右边的变量却变成了加法运算。在第3章中，我们还从上述性质中推导出了

$$(e^x)^n = e^{x \times n}$$

即"如果求 n 次方，那么指数乘以 n"。例如，

$$(e^x)^3 = (e^x \times e^x) \times e^x = e^{2x} \times e^x = e^{3x}$$

此处利用的性质是"乘法运算等于变量的加法运算"。因此，对于三角函数 $\cos\theta + i\sin\theta$，"如果求 n 次方，那么变量乘以 n"的性质同样成立。也就是说，

$$(\cos\theta + i\sin\theta)^n = \cos n\theta + i\sin n\theta$$

这也是著名的"棣莫弗定理"。

接下来使用上述定理思考第 2 章中有关正多边形的作图问题。在复数的极坐标 $z = r(\cos\theta + i\sin\theta)$ 中，假设 θ 的范围等于 $0 \sim 2\pi$，z 是以原点为圆心作半径等于 r 的圆。如果 $r = 1$，圆的半径就等于 1。如图 8-11 所示，如果对圆周进行三等分，那么能在圆内作一个内接正三角形。

如果圆的半径是 1，那么顶点 z_1 的笛卡儿坐标是 $(1, 0)$，可以表示为复数

$$z_1 = 1$$

顶点 z_2 旋转 $120°$，如果用弧度表示，即 $\theta = 2\pi/3$，那么

$$z_2 = \cos(2\pi/3) + i\sin(2\pi/3)$$

与此相同，用复数表示顶点 z_3 的话，

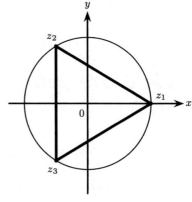

图 8-11　正三角形的顶点分别是 $z^3 = 1$ 的 3 个根

$$z_3 = \cos(4\pi/3) + i\sin(4\pi/3)$$

根据棣莫弗定理，

$$z_2^3 = (\cos(2\pi/3) + i\sin(2\pi/3))^3 = \cos 2\pi + i\sin 2\pi = 1$$

上述等式的最后使用了 $\cos 2\pi = 1$、$\sin 2\pi = 0$。z_3 同样满足 $z_3^3 = 1$。而且，因为1的任何次方都等于1，所以 $z_1^3 = 1$。在半径为1的圆的内接正三角形中，其三个顶点都满足三次方程

$$z^3 = 1$$

试着解上述三次方程。首先，将该三次方程因式分解为

$$z^3 - 1 = (z - 1) \times (z^2 + z + 1)$$

因为 $z = 1$ 是其中一个根，所以这一项就是 z_1。其他两个根满足 $z^2 + z + 1 = 0$，那么这个二次方程的求根公式为

$$z = -\frac{1}{2} \pm i\frac{\sqrt{3}}{2}$$

即 z_2 和 z_3。

第 2 章已经说明了假设已知线段长度为1，那么能够用尺规对该线段进行二等分。而且，因为 $\sqrt{3}$ 是底长等于1、斜边长等于2的直角三角形的高，所以也能作图。假设原点到其中一个顶点的距离 $z_1 = 1$，因为 $1/2$ 或 $\sqrt{3}/2$ 能够作图，所以用尺规也能确定其他两个顶点的位置 z_2 和 z_3，那么正三角形也能作图。

当然，如果是正三角形，即使不使用复数和方程，也能简单地作图。不过，如果是作正五边形，就能感受到复数和方程的威力。让我们用五次方程 $z^5 = 1$ 来确定正五边形顶点的位置。

试着解上述五次方程。因为 $z^5 - 1 = (z - 1) \times (z^4 + z^3 + z^2 + z + 1)$，所以其中一个根 $z = 1$，其他 4 个根满足 $z^4 + z^3 + z^2 + z + 1 = 0$。此时使用新的变量 $u = z + 1/z$，那么 $z^4 + z^3 + z^2 + z + 1 = z^2(u^2 + u - 1) = 0$。因为 $z = 0$ 不是 $z^5 = 1$ 的根，所以在等式两边同时除以 z^2，得到 $u^2 + u - 1 = 0$。只要解出该方程的根

$$u = \frac{-1 \pm \sqrt{5}}{2}$$

z 的值就是 $u = z + 1/z$ 即二次方程 $z^2 - uz + 1 = 0$ 的根。然后用复数

$$\omega = \frac{-1 + \sqrt{5}}{4} + \mathrm{i}\frac{\sqrt{10 + 2\sqrt{5}}}{4}$$

表示 $z^5 = 1$ 的 5 个根，分别记作 1、ω、ω^2、ω^3、ω^4。

我们在第 2 章中讲过，假设给定几条线段，对线段的长度进行加减乘除后得到新的线段，这些线段是能够作图的。而且，只要使用圆，其平方根长度的线段也能作图。因为确定正五边形顶点的方程 $z^5 = 1$ 的根可以用平方根和加减乘除表示，所以正五边形也能用尺规作图。正五边形的作图方法被视作古希腊数学最伟大的成果之一，不过只要使用复数，就能轻松确定顶点。

正 n 边形的顶点为

$$z_k = \cos\left(\frac{2\pi k}{n}\right) + \mathrm{i}\sin\left(\frac{2\pi k}{n}\right) \quad (k = 0, 1, \cdots, n-1)$$

这也是 $z^n = 1$ 的根。

高斯证明了对于任意自然数 n，上述方程的根可以通过多次使用幂根（平方根、立方根、四次方根等）、加减乘除和 i 来表示。不过为了能够作图，必须要用平方根来解，而不是用其他任何幂根。高斯在 24 岁的时候还证明了"对正多边形的顶点数进行质因数分解时，得到的奇数质因数都是费马数（形式为 $p = 2^{2^m} + 1$ 的素数，其中 m 为自然数），

而且只有在相同的费马数少于 2 个的情况下才能作图"。通过幂根和分数计算就能解方程 $z^n = 1$，不过仅靠幂根和分数计算的话，n 必须与费马数有关。我们到第 9 章说明伽罗瓦理论时再来解释这其中的原因。

6　三角函数、指数函数与欧拉公式

高中阶段的数学涉及三角函数和指数函数。虽然这两种函数独立发展至今，但通过复数，我们能够发现两者之间存在紧密的联系。

关键在于加法定理。前面已经提到了指数函数的乘法运算法则，即

$$e^{x_1} \times e^{x_2} = e^{x_1 + x_2}$$

与三角函数的加法定理

$$(\cos\theta_1 + i\sin\theta_1) \times (\cos\theta_2 + i\sin\theta_2) = \cos(\theta_1 + \theta_2) + i\sin(\theta_1 + \theta_2)$$

相似。其实这两种函数的性质也很相似，接下来我们深入研究。

从加法定理中推导出的棣莫弗定理如下所示：

$$(\cos\theta + i\sin\theta)^n = \cos n\theta + i\sin n\theta$$

如果将 θ 替换成 $\theta \to \theta/n$，那么可以表示为

$$\cos\theta + i\sin\theta = (\cos(\theta/n) + i\sin(\theta/n))^n$$

在上述等式中，n 的值越大，等式右边的 θ/n 就越小。

因此，等号的右边两项可以近似为

$$\cos(\theta/n) \approx 1, \quad \sin(\theta/n) \approx \theta/n$$

具体原因请参阅本书附录中的补充知识。将两者与棣莫弗定理组合在一起，得到

$$\cos\theta + i\sin\theta = (\cos(\theta/n) + i\sin(\theta/n))^n \approx (1 + i\theta/n)^n$$

只要 n 的值趋近于无穷大，近似就越精确，所以也可以表示为

$$\cos\theta + i\sin\theta = \lim_{n\to\infty}(1 + i\theta/n)^n$$

接着，如果 n 的值越大，等式右边可以表示为

$$\lim_{n\to\infty}(1 + i\theta/n)^n = e^{i\theta}$$

那么，三角函数与指数函数之间的关系如下所示：

$$\cos\theta + i\sin\theta = e^{i\theta}$$

在理解上述关系时，必须要理解等式右边的 $e^{i\theta}$ 所包含的意思。定义指数函数 e^x 时，其中 x 为实数。既然出现了指数 $x = i\theta$ 即虚数的情况，那么又该如何解释呢？

在第 3 章中，自然常数 e 被定义为

$$e = \lim_{m\to\infty}(1 + 1/m)^m$$

因此，它的 x 次方指数函数 e^x 就可以表示为

$$e^x = \lim_{m\to\infty}(1 + 1/m)^{mx}$$

将等式右边的 m 记作 $m = n/x$，那么

$$(1 + 1/m)^{mx} = (1 + x/n)^n$$

因为 $m \to \infty$ 也等于 $n \to \infty$，所以指数函数 e^x 也可以定义为

$$e^x = \lim_{n \to \infty} (1 + x/n)^n$$

指数函数 e^x 原本是指实数变量 x 的函数。不过，如果在 $(1+x/n)^n$ 中 n 被定义为最大值趋近于极限，那么当 x 为复数时也具有相同意义。根据上述定义，假设 $x = i\theta$，那么

$$\lim_{n \to \infty} (1 + i\theta/n)^n = e^{i\theta}$$

将上述等式与前面根据棣莫弗定理使 n 趋近于无穷大的等式进行比较，得到

$$\cos\theta + i\sin\theta = e^{i\theta}$$

这就是"欧拉公式"。下面我们一起来仔细品味这个公式的美妙。

首先，根据上述公式，三角函数的加法定理

$$\cos(\theta_1 + \theta_2) = \cos\theta_1\cos\theta_2 - \sin\theta_1\sin\theta_2$$
$$\sin(\theta_1 + \theta_2) = \sin\theta_1\cos\theta_2 + \cos\theta_1\sin\theta_2$$

等于

$$e^{i(\theta_1 + \theta_2)} = e^{i\theta_1} \times e^{i\theta_2}$$

这与指数函数的乘法运算法则

$$e^{x_1 + x_2} = e^{x_1} \times e^{x_2}$$

相一致，只不过是将 x 替换成 $x \to i\theta$ 而已。在复数的范围内，指数函数的乘法运算法则和三角函数的加法定理相同。

使用复数，三角函数的加法定理可以简洁明了地表示为 $e^{i\theta_1} \times e^{i\theta_2} = e^{i(\theta_1 + \theta_2)}$，因此有关三角函数的计算也变得简单方便。三

角函数的加法定理广泛运用于科学和工学的各个领域中。例如在解析水波和电磁波等波的性质，或者交流电回路等振动现象时，比起 $\cos\theta$ 或 $\sin\theta$ 等三角函数，使用复数构成的 $e^{i\theta}$ 更便于计算。

在欧拉公式 $\cos\theta + i\sin\theta = e^{i\theta}$ 中，假设 $\theta = \pi$，那么 $\cos\pi = -1$、$\sin\pi = 0$，因此

$$-1 = e^{\pi i}$$

这就是在第8章中首次出现的"博士的爱情算式"。

欧拉发现上述公式的契机是，微积分学的创始人之一莱布尼茨和他的老师约翰·伯努利（在第3章和第7章中出现的雅各布·伯努利的弟弟）之间关于对数函数 $\ln(-1)$ 的争论。

在第3章中讲过的对数函数是 $y = e^x$ 的逆函数，被定义为 $\ln y = x$。如果 x 为实数，那么 $y = e^x$ 肯定是正数。

因此，莱布尼茨认为负数"不存在"对数。然而，约翰·伯努利则主张 $\ln(-y) = \ln y$。如果伯努利的观点是正确的话，那么 $\ln(-1) = \ln 1 = 0$。

不过，莱布尼茨和伯努利都错了。这是因为根据"博士的爱情算式"，$-1 = e^{\pi i}$，

$$\ln(-1) = \pi i$$

也就是说，正如伯努利的观点所示，$\ln(-1)$ 本身具有一定的意义，不过结果不是0，而是 πi [①]。虽然莱布尼茨和伯努利的争论以双方失败而告终，但欧拉曾经评价说"相关困难已经全部消失，从所有攻击中拯救了对数理论"。

---

① 欧拉还指出，根据三角函数的周期性，不仅 $\ln(-1)$ 的结果等于 πi，而且对于任意整数 n，其结果都等于 $(2n+1)\pi i$。

随着数学的发展，我们有时会发现原本完全无关的事物之间存在着意外的联系。三角函数诞生于古希腊时期的平面几何研究。此外，奈皮尔受到第谷天文学的刺激，为了实现大数计算的简单化而发明了指数函数。出身迥异的两种函数却通过"假想的数"，在复数的世界中产生了紧密的联系。

数学的出现最初是为了帮助人类理解自然。在出现以后，它就开始拥有自己的生命并且不断发展壮大，完全不受人类的控制。就像三角函数和指数函数的关系，与其说是人类创造的产物，倒不如说是欧拉等探险者在数学的世界中发现了它的存在。我们一直认为复数原本是人类假想的数，其实在独立于现实世界的数学世界中，它一直存在。

第 9 章
测量"难"与"美"

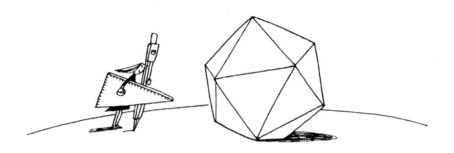

序 伽罗瓦，20 年的生涯与不灭功绩

被誉为 19 世纪最伟大的数学家之一的埃瓦里斯·伽罗瓦，1811 年 10 月 25 日出生于法国，1832 年 5 月 31 日逝世。他在 20 年零 7 个月的短暂人生中，到底取得了哪些伟大成果？

对于一次方程和二次方程解法的研究起源于古巴比伦时期。在解一次方程 $ax + b = 0$ 时，解出 $x = -b/a$，即使 a 和 b 为整数，结果也有可能是分数。我们在第 2 章中已经讲过，可以说"分数"的出现就是为了解这类方程。

虽然古巴比伦人努力研究了二次方程的解法，但还是只能想到用分数解方程。然而，我们在第 2 章中也曾讲过，古希腊毕达哥拉斯的门生希帕索斯发现简单的二次方程（比如 $x^2 = 2$）的根不需要用分数表示。

这就是无理数的开端。

9 世纪巴格达数学家花拉子米提出了解一次方程和二次方程的基本方法。如果用现在的写法表示，二次方程

$$ax^2 + bx + c = 0$$

的根

$$x = \frac{-b \pm \sqrt{b^2 - 4ac}}{2a}$$

就是我们在中学阶段所学的"求根公式"。因为需要用平方根来表示根，所以二次方程比一次方程"难"。

花拉子米发明的方法传到中世纪的欧洲后，数学家开始争先恐后地研究如何解三次方程和四次方程。第 8 章讲过的三次方程

$$ax^3 + bx^2 + cx + d = 0$$

的解法是由 16 世纪的费罗和塔尔塔利亚独立发现的，发表于卡尔达诺的著作《大术》。而且，卡尔达诺的学生卢多维科·费拉里发现了四次方程

$$ax^4 + bx^3 + cx^2 + dx + e = 0$$

的求根公式。这同样记载在《大术》中。两者均可以用方程中的系数 a，b，$c \cdots$ 的平方根和立方根来表示方程的根。

既然方程中同时出现了平方根和立方根，那么三次方程和四次方程比二次方程"更难"。例如，第 2 章讲过平方根能用尺规作图，而立方根却不能。

因为二次、三次以及四次方程的求根公式依次被发现，所以人们理所当然地认为五次方程也能解。然而，从费罗开始，在之后的 300

年中，无论数学家如何努力，最后也没能发现五次方程的求根公式。根据第 8 章介绍过的"代数学基本定理"，不管是几次方程都应该有复数根，结果人们却不知道如何用平方根和立方根等幂根来表示五次方程的根。

在这种情况下，1802 年出生于挪威的尼尔斯·亨利克·阿贝尔出现了。阿贝尔证明了不存在五次方程的求根公式。数学家一直在挑战"无解的问题"。所以五次方程比三次方程和四次方程"难得多"。

其实，提出不可能这件事本身就很困难。例如第 5 章介绍了第二不完备性定理，即"包含自然数及其算术运算在内的公理系统，其无矛盾性不可能得到证明"。如果方程"存在"求根公式，那么只要列出公式，通过计算即可确认所求的根正确。但是，如何才能证明求根公式"不存在"呢？明明到四次方程为止都能解，五次方程到底有什么不同？为此，阿贝尔使用了"测量难度的方法"。后面我们再来仔细说明这种方法的具体内容。

阿贝尔在 17 岁的时候以为自己发现了五次方程的求根公式，还专门撰写了论文，不过最后发现这个公式存在错误。之后，他在 21 岁时又发表了论文《五次方程没有代数一般解》。由于这篇论文晦涩难懂，因此在当时并没有被人们理解。幸运的是，当他和柏林的数学家奥古斯特·利奥波德·克列尔成为朋友以后，这篇论文被刊登在了克列尔创办的数学杂志的第一期上，当时阿贝尔 23 岁。自那以后，阿贝尔陆续在克列尔的杂志上发表论文，因此名声也水涨船高。不过他最终也没能在大学正式任职，不仅生活拮据，还患上了结核病。克列尔竭尽全力为阿贝尔争取柏林大学的教授一职，不过在阿贝尔去世两天后才获得喜讯。当时阿贝尔才 26 岁。

在挪威奥斯陆的皇宫庭院里矗立着巨大的阿贝尔纪念碑（图 9-1）。令人敬佩的是，在挪威首都最中心的位置摆放的不是政治家或军人的铜像，而是证明了五次方程没有代数一般解的数学家的纪念碑。从中也能感受到挪威人是多么为阿贝尔感到自豪！

虽然阿贝尔证明了五次方程没有一般幂根解，不过在某种情况下能简单地解出五次方程。例如 $x^5 = 1$ 也是五次方程，在第 8 章的第 5 节中已经讲过，这个方程的 5 个根可以用平方根和虚数表示。即使维次 n 变得更高，n 次方程 $x^n = 1$ 的所有根也都能用自然数的幂根表示。第 8 章也曾讲过，这是由高斯成功证明的。

图9-1 挪威皇宫庭院里的《阿贝尔纪念碑》（古斯塔夫·维格朗作品，本书作者拍摄）

最后，伽罗瓦完成了"测量方程难度的方法"，并且提出了"在哪种情况下能用幂根解方程"。伽罗瓦出生于 1811 年，卒于 1832 年，这与维克多·雨果的小说《悲惨世界》中所设定的年代（1815 年到 1833 年）几乎重合。伽罗瓦两岁时，拿破仑被流放到厄尔巴岛，被法国大革命推翻的波旁王朝复辟。不过，波旁王朝仅仅维持了 16 年，1830 年 7 月被革命所推翻。卢浮宫博物馆珍藏的欧仁·德拉克罗瓦作

图9-2 卢浮宫博物馆珍藏的《自由引导人民》（欧仁·德拉克罗瓦作品）

品《自由引导人民》(图 9-2)描绘的正是法国七月革命的场景。当时,不到 19 岁的伽罗瓦作为一名共和党人参加了革命。

次月,资本家和银行家等资产阶级将路易·菲利普推上君主宝座,共和党人挫败。在政治上思想激进的伽罗瓦在 20 岁时被捕入狱,出狱后与人决斗而负伤身亡,因而也结束了被政治混乱和社会矛盾捉弄的一生。

与阿贝尔一样,伽罗瓦在 16 岁时也以为自己发现了五次方程的解法,后来意识到自己的错误,于是开始猜想五次方程没有一般解。当时,从阿贝尔完成证明起已经过去了 5 年。不过,伽罗瓦继续深入研究,在第二年发现了对于任何次数的方程,能否用幂根解该方程的判定方法。这才是阿贝尔的研究目标。伽罗瓦总结了自己的发现,将其写成一篇论文,并寄给了法兰西科学院。

有一种说法是,当时的评审奥古斯丁·路易·柯西在看之前就把伽罗瓦提交的论文丢失了。因此在伽罗瓦的传记中,柯西经常被视为敌人。不过,柯西确实有前科,他曾经遗失了阿贝尔提交的重要论文。在挪威政府的抗议下,论文最后是从科学院的文件堆中被找到的,在阿贝尔去世 10 年后得到出版。

然而,根据近几年科学史家的研究,柯西曾经高度评价了伽罗瓦的论文。而且,他还建议伽罗瓦不要刊登在科学院的纪要中,修改后投稿参加科学院举办的论文征集大赛。从政治立场上来说,柯西属于君主派,伽罗瓦属于共和派,他们立场对立,不过从数学角度来看,他们拥有共同点。伽罗瓦的不幸在于,他拥护的七月革命导致柯西下台乃至丧命,因此也失去了唯一理解自己理论的人。而且,他听从柯西的意见参加征集大赛的论文《关于方程幂根解法的条件》也无缘大奖。

不过造化弄人,伽罗瓦的不幸还在继续。在老家担任市长的父亲因为保守派的中伤而被迫自杀。而且,伽罗瓦在巴黎高等理工学院入学考试中连续两年落榜。之后他第三次向科学院提交论文，不过自从柯西逝世后，再也没有数学家能够理解他的研究。

绝望的伽罗瓦投身革命，最终锒铛入狱，出狱后又与人决斗。伽罗瓦在决斗前一晚到第二天早晨给朋友奥古斯特·舍瓦利叶写了一封信，他在信中全面阐明了著名的"伽罗瓦理论"，而且在信的最后还提到自己正在研究"暧昧理论"。但是我们至今也无从得知暧昧理论的具体内容。伽罗瓦在信的末尾写道："我的时间不多了。在数学这个庞大的领域中，我的构想尚未完全发挥作用。"伽罗瓦英年早逝，实在令人惋惜。

伽罗瓦第三次向科学院提交的论文幸运地被保留了下来。数学家约瑟夫·刘维尔竭尽全力研读这篇遗稿，并于 1846 年发表了相关解说，伽罗瓦理论从而终于被人接受。自古巴比伦时期起，发展了 3000 年的关于 x 的方程理论因此完结。

伽罗瓦的伟大业绩并不仅限于方程理论。他在研究方程性质时提出的"群"概念被广泛运用于数学的各类问题中。而且，群的概念在物理学中也非常重要。例如 2012 年欧洲研究所 CERN 发现了基本粒子"希格斯玻色子"，他们预测在用群的概念说明基本粒子之间力的性质时，希格斯玻色子的作用必不可少。

在本书的最后，我将主要解释伽罗瓦的"群"概念，以及介绍其在阿贝尔"五次方程没有一般解"和伽罗瓦理论中的应用。

1 图形的对称性是什么

首先以图形为例，说明伽罗瓦理论中最重要的观点"对称性"。当图形投射在镜子中时左右互换、形状不变，这就叫作左右对称。对称性是指左右互换扩张到一般操作中。

在第 6 章中讲到的小说《平面国》，其故事背景是二维世界，人类以三角形、正方形、五边形等平面图形的形象出现。因为这部作品讽刺的是 19 世纪英国的阶级社会，所以小说中的图形代表了人的社会地位，等腰三角形指代底层劳动者，正三角形指代中产阶级，正方形和正五边形指代绅士阶级，正六边形指代贵族阶级。圆的地位最高，指代神职人员。

为什么正多边形的顶点数越多，社会地位就越高呢？

首先思考正三角形的对称性。正三角形在以重心为中心按照逆时针方向旋转 120° 或者 240° 后，都能与初始的图形完美重合。假设给正三角形的 3 个顶点编号，记作 1、2、3。如图 9-3 所示，正三角形旋转 120° 相当于是将顶点 1 移至顶点 3，顶点 2 移至顶点 1，顶点 3 移至顶点 2 的过程。

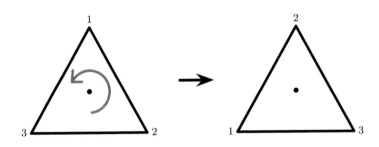

图9-3　以正三角形的重心为中心进行旋转

如何旋转正三角形是由其 3 个顶点的移动决定的。因此，图 9-3 中的 120° 旋转可以表示为

$$\begin{pmatrix} 1 & 2 & 3 \\ 2 & 3 & 1 \end{pmatrix}$$

上面的 (1 2 3) 是指 3 个顶点的编号，下面的 (2 3 1) 是指旋转后的编号。

移动正三角形时，如果只限于扁平世界（二维世界），那么只有 120° 和 240° 的旋转允许对称性。但是，如果三角形存在于三维空间中，旋转方式随之改变。例如，如图 9-4 所示，围绕顶点 1 垂直于对边 23 的垂线旋转 180°，也能与初始的图形重合。此时，顶点 1 的位置不变，顶点 2 和顶点 3 的位置互换。

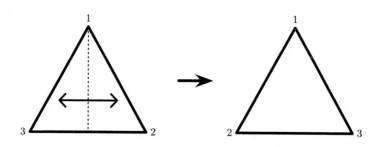

图 9-4　围绕顶点 1 垂直于对边的垂线旋转

上述旋转可以表示为

$$\begin{pmatrix} 1 & 2 & 3 \\ 1 & 3 & 2 \end{pmatrix}$$

正三角形恢复原状的旋转称作正三角形的对称性。围绕重心的 120° 和 240° 旋转是正三角形的对称性，围绕顶点到对边的垂线的 180° 旋转也是对称性。

正三角形的对称性只有上述三种。只要考虑顶点的移动即可确认。旋转后顶点 1 的移动分为三种，即

$$\begin{pmatrix} 1 & 2 & 3 \\ 1 & & \end{pmatrix}, \begin{pmatrix} 1 & 2 & 3 \\ 2 & & \end{pmatrix}, \begin{pmatrix} 1 & 2 & 3 \\ 3 & & \end{pmatrix}$$

确定顶点1的移动后，顶点2的移动就是剩余两个顶点之一，分别有两种情况：

$$\begin{pmatrix} 1 & 2 & 3 \\ 1 & 2 \end{pmatrix}, \begin{pmatrix} 1 & 2 & 3 \\ 2 & 3 \end{pmatrix}, \begin{pmatrix} 1 & 2 & 3 \\ 3 & 1 \end{pmatrix}$$

$$\begin{pmatrix} 1 & 2 & 3 \\ 1 & 3 \end{pmatrix}, \begin{pmatrix} 1 & 2 & 3 \\ 2 & 1 \end{pmatrix}, \begin{pmatrix} 1 & 2 & 3 \\ 3 & 2 \end{pmatrix}$$

最后顶点3的移动就是剩余的最后一个顶点，所以三角形3个顶点的移动共有 $3 \times 2 \times 1 = 6$ 种情况：

$$\begin{pmatrix} 1 & 2 & 3 \\ 1 & 2 & 3 \end{pmatrix}, \begin{pmatrix} 1 & 2 & 3 \\ 2 & 3 & 1 \end{pmatrix}, \begin{pmatrix} 1 & 2 & 3 \\ 3 & 1 & 2 \end{pmatrix}$$

$$\begin{pmatrix} 1 & 2 & 3 \\ 1 & 3 & 2 \end{pmatrix}, \begin{pmatrix} 1 & 2 & 3 \\ 2 & 1 & 3 \end{pmatrix}, \begin{pmatrix} 1 & 2 & 3 \\ 3 & 2 & 1 \end{pmatrix}$$

第1行是 0°、120°、240° 旋转，第2行是围绕垂线的 180° 旋转。当然，0° 旋转就是"没动"，既然什么都没做，形状当然不会发生变化。不过这也算是对称性的一种。如上所示，正三角形的对称性分成"围绕中心的旋转"和"围绕垂线的旋转"，共有6种情况。

按照相同方法得出，正方形保持原状的旋转共有8种情况，正五边形共有10种，正六边形共有12种。正 n 边形共有 $2 \times n$ 种不改变形状的旋转方法。在扁平世界中，对称性越大，地位就越高。

因此在二维图形中，对称性的大小决定于图形旋转方式的种类数。但是，对称性所包含的信息远不止这些。

2 "群"的发现

你刚上托儿所时，美国俄亥俄州立大学的教授原田耕一郎出版了名著《群的发现》（岩波书店）。"群"是一个数学术语，日语的发音是"gun"。当我看得正开心时，我的妻子（你的母亲）突然问我："mure（群）的发现，这本书讲的是什么？"虽然当时我笑话了她，但原田在序言中写道"群"这个字也可以读作"mure"。"群"是伽罗瓦用法语发明的数学术语"groupe"（英语叫作 group）在日语中的对应叫法，从它的定义"拥有某个性质的集合"来看，也许"mure"的叫法更贴切。那么"某个性质"具体指代什么呢？

前面已经讲了正三角形的旋转，如果三角形围绕重心旋转后再围绕垂线旋转，结果又会怎么样呢？围绕重心旋转 120° 的话，顶点移动如下：

$$\begin{pmatrix} 1 & 2 & 3 \\ 2 & 3 & 1 \end{pmatrix}$$

例如将顶点 1 按照 $1 \to 2$ 的过程移动，然后三角形再围绕顶点 1 垂直于 23 的垂线旋转 180°，此时顶点移至

$$\begin{pmatrix} 1 & 2 & 3 \\ 1 & 3 & 2 \end{pmatrix}$$

例如将顶点 2 按照 $2 \to 3$ 的过程移动。继续移动的话，顶点 1 的移动过程为 $1 \to 2 \to 3$。同样，顶点 2 为 $2 \to 3 \to 2$，顶点 3 为 $3 \to 1 \to 1$。用等式表示如下。

$$\begin{pmatrix} 1 & 2 & 3 \\ 2 & 3 & 1 \end{pmatrix} \times \begin{pmatrix} 1 & 2 & 3 \\ 1 & 3 & 2 \end{pmatrix} = \begin{pmatrix} 1 & 2 & 3 \\ 3 & 2 & 1 \end{pmatrix}$$

等式右边是围绕顶点 2 垂直于 31 的垂线旋转 180° 后的结果。因此，上述等式表示的是正三角形"围绕重心旋转 120°"后再"围绕顶点 1 的垂线旋转 180°"，最后等于"围绕顶点 2 的垂线旋转 180°"。在图 9-5 中，正三角形的旋转如上述等式所示。

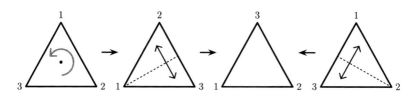

图9-5　左边连续旋转两次，其结果等于右边的一次旋转

正三角形连续旋转的结果等于另一种不同的旋转。这叫作"旋转的乘法运算"，性质与数学的乘法运算相同。

第 2 章讲过加法运算和乘法运算的基本法则。例如，乘法的结合律

$$(a \times b) \times c = a \times (b \times c)$$

以及，对于任何数 a，存在满足

$$1 \times a = a \times 1 = a$$

的单位元"1"，其乘法运算的逆运算为

$$a \div a = 1$$

因为除以 a 相当于乘以 a^{-1}，所以也能表示为

$$a \times a^{-1} = 1$$

"旋转的乘法运算"同样拥有上述性质。例如，单位元 1 是 0° 旋转。而且，某个旋转的逆运算相当于按照相反方向旋转相同角度。按照某个方向

旋转，然后再按照相反方向旋转相同角度，就能恢复初始状态。这就是 $a \times a^{-1} = 1$ 的含义。只要根据乘法运算的定义，就能理解为什么结合律 $(a \times b) \times c = a \times (b \times c)$ 能够成立。

综上所述，能够进行乘法运算和除法运算、存在单位元以及乘法运算中结合律能够成立的"集合"叫作"群"。前面也已经提到过，群是由伽罗瓦命名的。

"数"和"群"之间存在不同点。首先，数与数之间除了乘法运算和除法运算，还能进行加法运算和减法运算。但是，群中不存在加法运算和减法运算。而且在数的乘法运算中，除了结合律，交换律同样成立：

$$a \times b = b \times a$$

不过在群中，交换律不一定成立。例如正三角形的旋转对称性，前面我们已经讲过围绕重心旋转 $120°$ 后再围绕顶点1的垂线旋转 $180°$

$$\begin{pmatrix} 1 & 2 & 3 \\ 2 & 3 & 1 \end{pmatrix} \times \begin{pmatrix} 1 & 2 & 3 \\ 1 & 3 & 2 \end{pmatrix} = \begin{pmatrix} 1 & 2 & 3 \\ 3 & 2 & 1 \end{pmatrix}$$

最后等于围绕顶点2的垂线旋转。如果调换前面两项的位置，即

$$\begin{pmatrix} 1 & 2 & 3 \\ 1 & 3 & 2 \end{pmatrix} \times \begin{pmatrix} 1 & 2 & 3 \\ 2 & 3 & 1 \end{pmatrix} = \begin{pmatrix} 1 & 2 & 3 \\ 2 & 1 & 3 \end{pmatrix}$$

此时，结果就不是围绕顶点2的垂线，而是围绕顶点3的垂线旋转。也就是说，相乘两项的先后顺序不同，其最后的旋转结果也会发生变化。这与数的乘法运算不同，即在旋转的乘法运算中，交换律不成立。

下面我们通过对称性来思考"能否用幂根解方程"。不过，对于上述问题，"交换律能否成立"显得十分重要。

首先再提一点与正三角形的旋转对称性有关的问题，这有助于说明三次方程的求根公式。

分别用符号 Ω（欧米伽）和 Λ（兰姆达）表示旋转，则围绕重心的旋转 $120°$ 记作

$$\Omega = \begin{pmatrix} 1 & 2 & 3 \\ 2 & 3 & 1 \end{pmatrix}$$

围绕顶点1垂直于对边的垂线旋转 $180°$ 记作

$$\Lambda = \begin{pmatrix} 1 & 2 & 3 \\ 1 & 3 & 2 \end{pmatrix}$$

因为连续旋转3次 $120°$ 等于旋转了 $360°$，相当于没有旋转一样，所以

$$\Omega^3 = 1$$

而且，旋转2次 $180°$ 也等于 $360°$，所以等式

$$\Lambda^2 = 1$$

同样成立。

正如前面的解释，围绕重心的旋转 Ω 和围绕垂线的旋转 Λ"不能交换"。也就是说，相乘两项的先后顺序会影响最终的结果。

$$\Lambda \times \Omega \neq \Omega \times \Lambda$$

但是，两者之间存在以下关系：

$$\Lambda \times \Omega = \Omega^2 \times \Lambda, \ \ \Lambda \times \Omega^2 = \Omega \times \Lambda$$

后面我们会说明，这也是三次方程能用幂根解的原因。不过只要使用

Λ 和 Ω 的定义就能确认，你也可以自己试着进行确认。

通过使用 Λ 和 Ω，可以将正三角形的 6 种对称旋转表示为

$$1, \quad \Omega, \quad\quad \Omega^2$$
$$\Lambda, \quad \Omega \times \Lambda, \quad \Omega^2 \times \Lambda$$

为什么如此简略？

例如第 1 行排列着 $(1, \Omega, \Omega^2)$，不过因为 $\Omega^3 = 1$，所以就此结束。然后在第 2 行中，因为 $\Omega^3 \times \Lambda = \Lambda$，所以以 $(\Lambda, \Omega \times \Lambda, \Omega^2 \times \Lambda)$ 结束。而且因为 $\Lambda^2 = 1$，所以跟在它后面的 $(\Lambda^2, \Omega \times \Lambda^2, \Omega^2 \times \Lambda^2)$ 与第 1 行相同。

那么，如果调换 Ω 和 Λ 的位置，即 $\Lambda \times \Omega$ 的结果会怎么样？如上所示，因为 $\Lambda \times \Omega = \Omega^2 \times \Lambda$，所以这不是新的旋转。不管 Λ 和 Ω 按照什么顺序相乘，其结果肯定是上述 6 种情况中的一种，所以包括了正三角形对称旋转的所有情况。之后在推导三次方程的求根公式时会用到该性质。

3　二次方程求根公式的秘密

既然已经准备好对称性语言，那么就尝试用对称性来解方程。首先是二次方程。

前面已经提过，我们人类从古巴比伦时期起就一直在研究方程的求根公式。虽然发现了解三次方程的卡尔达诺公式和解四次方程的费拉里公式，不过经过之后几个世纪的努力也未能发现五次方程的求根公式。因此，在摸索如何才能发现五次方程求根公式的过程中，有一位数学家开始重新思考为什么二次、三次、四次方程存在求根公式。

这位数学家就是拉格朗日，他出生于 18 世纪法国大革命期间，在伽罗瓦 1 岁时离世。1770 年，拉格朗日在柏林科学院的纪要上发表了论文《关于方程的代数解法的研究》。在这篇论文中，他尝试用对称性的概念来说明方程求根公式的意义。阿贝尔和伽罗瓦就是在阅读了这篇论文之后，开始深入研究有关五次方程的问题的。下面来说明一下拉格朗日的观点。

在二次方程中，只要 x^2 前面的系数不等于 0，整个方程就可以除以该系数使 x^2 的系数等于 1，因此方程可以表示为

$$x^2 + ax + b = 0$$

那么，该方程的根等于

$$x = \frac{-a \pm \sqrt{a^2 - 4b}}{2}$$

只要将上述公式代入方程中，即可判断是不是该方程的根。但是拉格朗日继续深入研究，思考为什么上述公式需要用到平方根。

假设方程的根为 ζ_1 和 ζ_2（ζ 读作泽塔）。那么在 $x = \zeta_1$ 或者 ζ_2 时，方程等于 0，因此左边可以因式分解为

$$x^2 + ax + b = (x - \zeta_1)(x - \zeta_2)$$

展开上述等式的右边部分，将其与左边进行比较，那么

$$a = -\zeta_1 - \zeta_2, \quad b = \zeta_1 \times \zeta_2$$

这是高中数学中会学到的"根与系数的关系"。

仔细观察的话，你会发现上述算式非常有趣。即使交换 ζ_1 和 ζ_2 这两个根的位置，a 和 b 也不会发生任何变化。也就是说，对于两个根的交换，方程中的系数是"对称"的。因此，系数 a 和 b 也被称作 ζ_1 和 ζ_2 的"对称式"。

前面讲三角形的旋转时, 说明了 3 个顶点如何轮换位置。此时用符号 Γ (读作伽马) 表示二次方程的两个根 ζ_1 和 ζ_2 的轮换对称性, 即

$$1 = \begin{pmatrix} 1 & 2 \\ 1 & 2 \end{pmatrix}, \quad \Gamma = \begin{pmatrix} 1 & 2 \\ 2 & 1 \end{pmatrix}$$

那么 1 和 Γ 分别组成一个群。因为两者的内容相互交换, 所以也叫作"二次对称群", 用符号 S_2 表示。

系数 a 和 b 是对称式与求根公式中存在平方根之间有着紧密的关系。为了方便理解, 按以下方式组合两个根 (β 读作贝塔):

$$\beta_+ = \zeta_1 + \zeta_2, \quad \beta_- = \zeta_1 - \zeta_2$$

那么, 原来的根可以表示为:

$$\zeta_1 = \frac{1}{2}(\beta_+ + \beta_-), \quad \zeta_2 = \frac{1}{2}(\beta_+ - \beta_-)$$

首先, 根与系数的关系为

$$\beta_+ = \zeta_1 + \zeta_2 = -a$$

因此 β_+ 能用方程中的系数表示。只要 β_- 也能用方程中的系数表示, 那么从上述公式就能求出 ζ_1 和 ζ_2 的值, 因而得出求根公式。

不过还有一个问题是, 因为前面讲过方程中的系数 a 和 b 是根的对称式, 所以即使轮换 ζ_1 和 ζ_2, 结果也不会发生改变。那么即使加上、减去、乘以或除以 a 和 b, 在根的轮换中结果也不会变。因为原来的 a 和 b 在根的轮换中, 其结果不变, 所以对其进行加减乘除后结果自然也不会变。

另外, 需要用 β_- 表示根。β_- 在两个根的轮换 Γ 中变成

$$\beta_- \to -\beta_-$$

即符号发生改变。所以 β_- 无法用 a 和 b 的加减乘除表示。但是，求根公式又需要用 β_- 表示 a 和 b，这该如何解决呢？

因为 β_- 和 $-\beta_-$ 平方后的结果相等，即

$$\beta_-^2 = (-\beta_-)^2$$

所以即使 β_- 无法用加减乘除表示，但其平方 β_-^2 也能用加减乘除表示。那么，用方程中的系数表示 β_-^2 的话，得到

$$\beta_-^2 = (\zeta_1 - \zeta_2)^2 = (\zeta_1 + \zeta_2)^2 - 4\zeta_1 \times \zeta_2 = a^2 - 4b$$

接着在等式两边开平方，即

$$\beta_- = \pm\sqrt{a^2 - 4b}$$

因为 $\beta_\pm$ 都能用方程中的系数表示，所以方程的根为

$$\zeta_1, \zeta_2 = \frac{1}{2}(\beta_+ \pm \beta_-) = \frac{-a \pm \sqrt{a^2 - 4b}}{2}$$

这就是二次方程的求根公式。

回顾前面的内容，关键在于二次方程中的系数 a 和 b 是根 ζ_1 和 ζ_2 的对称式。不管如何进行加减乘除运算，对称式仍然是对称式。另外，因为两个根 ζ_1 和 ζ_2 在对称群 S_2 的 Γ 的作用下进行了轮换，所以其本身并不对称。因此，只用系数的加减乘除的话则无法表示两个根。所以就需要使用加减乘除之外的其他运算（在刚才的情况下需要平方根）。

4　三次方程为何可解

在二次方程的情况下，因为已经知道存在求根公式，所以也许无法体会对称群概念的作用。那么，接下来用对称性来推导三次方程

$$x^3 + ax^2 + bx + c = 0$$

的求根公式。

根据高斯的"代数学基本定理"，上述方程必然有三个复数根（也存在复数根相等的情况）。将三个根分别记作 ζ_1、ζ_2、ζ_3，那么

$$x^3 + ax^2 + bx + c = (x - \zeta_1)(x - \zeta_2)(x - \zeta_3)$$

接着展开上述等式的右边部分，将其与左边进行比较，那么

$$\begin{cases} a = -(\zeta_1 + \zeta_2 + \zeta_3) \\ b = \zeta_1\zeta_2 + \zeta_2\zeta_3 + \zeta_3\zeta_1 \\ c = -\zeta_1\zeta_2\zeta_3 \end{cases}$$

这就是三次方程的"根与系数的关系"。

下面来思考三个根 ζ_1、ζ_2、ζ_3 的轮换对称式。方程中的系数 a、b、c 均是三个根的对称式，与二次方程相同，问题在于如何使用即使在根的轮换中也不会改变的系数 a、b、c 来表示三个根 ζ_1、ζ_2、ζ_3。

在理解三次方程三个根的轮换对称性时，先回顾在本章第 1 节中讲过的正三角形的旋转对称性。在正三角形的情况下，主要着眼于经过旋转后其三个顶点的移动方向。只要把握顶点的移动方向，就能确定旋转的方式。如果用这三个顶点的轮换对应三个根 ζ_1、ζ_2、ζ_3，那么正三角形的旋转对称性就与三个根的轮换对称性即三次对称群 S_3 相同。

根据本章第 2 节中的说明，维持正三角形原状的旋转（对称群 S_3）记作

$$\Omega = \begin{pmatrix} 1 & 2 & 3 \\ 2 & 3 & 1 \end{pmatrix}$$

和

$$\Lambda = \begin{pmatrix} 1 & 2 & 3 \\ 1 & 3 & 2 \end{pmatrix}$$

可以表示为

$$1, \quad \Omega, \quad \Omega^2$$
$$\Lambda, \quad \Omega \times \Lambda, \quad \Omega^2 \times \Lambda$$

既然对称群 S_3 能用 Ω 和 Λ 的组合表示，那么就能从中推导三次方程的求根公式。

在开始推导前，先复习一下前面讲过的二次方程。在二次方程中，主要关注两个根 ζ_1 和 ζ_2 的轮换对称性

$$\Gamma = \begin{pmatrix} 1 & 2 \\ 2 & 1 \end{pmatrix}$$

得出 $\beta_+ = \zeta_1 + \zeta_2$ 和 $\beta_- = \zeta_1 - \zeta_2$。虽然在 Γ 的轮换中 β_+ 不会发生改变，不过 β_- 前多了一个负号，即 $\beta_- \to -\beta_-$。因为平方能消除负号，所以在根的轮换中 $(\beta_-)^2$ 维持不变。那么，因为 $\beta_+ = \zeta_1 + \zeta_2$ 和 $\beta_-^2 = (\zeta_1 - \zeta_2)^2$ 在轮换中维持不变，所以能用方程中的系数表示，从而推导出二次方程的求根公式。

因为根的轮换 Γ 连续轮换两次后会恢复原状，所以 $\Gamma^2 = 1$。另外，

在一次轮换中 β_- 会乘以 (-1)。那么之所以连续轮换两次会恢复原状，是因为 $(-1)^2 = 1$。也就是说，对称性 $\Gamma^2 = 1$ 和与 β_- 相乘的 $(-1)^2 = 1$ 之间存在一定的联系。切记这一点。

按照相同方法，只要组合三个根，求出对称群 S_3 中不变的组合，就能推导出三次方程的求根公式。S_3 是 Ω 和 Λ 的组合，因此首先在 Ω 中寻找不变的组合。例如在 Ω 中

$$\beta_0 = \zeta_1 + \zeta_2 + \zeta_3$$

维持不变。

除此之外还有没有其他类似的组合？

在二次方程中，关键在于 $\beta_- = \zeta_1 - \zeta_2$。该组合在根的轮换 Γ 中虽然没有很大变化，但是与 (-1) 相乘。

那么，我们需要思考是否存在组合 β 即使在 Ω 的对称性中没有完全改变，却与某个数 z 相乘，例如 $\beta \rightarrow z \times \beta$。因为对称性有一个性质是 $\Omega^3 = 1$，所以连续轮换三次后会恢复原状。这样的话，z 也必须符合 $z^3 = 1$。在第 8 章的第 5 节中已经说明，上述算式的根是

$$z = 1, \ \frac{-1 + i\sqrt{3}}{2}, \ \frac{-1 - i\sqrt{3}}{2}$$

如果使用符号 ω 表示，那么

$$\omega = \frac{-1 + i\sqrt{3}}{2}$$

这三个根可以记作

$$z = 1, \ \omega, \ \omega^2$$

既然是 $z^2 = 1$ 的根，那么 $\omega^2 = 1$。

因为

$$\beta_0 = \zeta_1 + \zeta_2 + \zeta_3$$

在 Ω 中不变，所以对应于 $z = 1$。那么在 Ω 的轮换中，有没有乘以 $z = \omega$ 或 ω^2 的组合呢？答案是

$$\begin{cases} \beta_1 = \zeta_1 + \omega^2\zeta_2 + \omega\zeta_3 \\ \beta_2 = \zeta_1 + \omega\zeta_2 + \omega^2\zeta_3 \end{cases}$$

下面来验证上述答案。在 Ω 的对称性中，按照 $1 \to 2$、$2 \to 3$、$3 \to 1$ 的顺序轮换，那么

$$\beta_1 \to \zeta_2 + \omega^2\zeta_3 + \omega\zeta_1$$

将 ω 乘以 β_1，代入 $\omega^3 = 1$，得到

$$\omega \times (\zeta_1 + \omega^2\zeta_2 + \omega\zeta_3) = \zeta_2 + \omega^2\zeta_3 + \omega\zeta_1$$

也就是说，在 Ω 的轮换中，可以发现 $\beta_1 \to \omega\beta_1$。与此相同，$\beta_2 \to \omega\beta_2$。

接下来可以在 Ω 中找到三个不变的组合。首先，β_0 本身不变。虽然 β_1 和 β_2 在 Ω 的轮换中分别乘以 ω 和 ω^2，不过两者都符合 $\omega^3 = 1$，所以立方后 β_1^3 和 β_2^3 在 Ω 中也不会发生变化。

那么，在 Ω 中的三个不变组合分别为 β_0、β_1^3 和 β_2^3。然后再来思考对称群 S_3 中的另外一个轮换，即

$$\Lambda = \begin{pmatrix} 1 & 2 & 3 \\ 1 & 3 & 2 \end{pmatrix}$$

在 Λ 中，因为方程的根轮换成 $\zeta_1 \leftrightarrow \zeta_2$，所以 $\beta_0 = \zeta_1 + \zeta_2 + \zeta_3$ 不会发生变化。既然在 Ω 和 Λ 中都维持不变，那么在整个对称群 S_3 中，这个组合都不会发生变化。在对称群中不变的组合可以用方程中的系数

表示。实际上，从根与系数的关系中可以得出

$$\beta_0 = -a$$

另外，在 Λ 中轮换另外两个组合，

$$\beta_1^3 \leftrightarrow \beta_2^3$$

因此，只要按照前面解二次方程时的方法，就能得到不变的组合。

首先，$(\beta_1^3 + \beta_2^3)$ 在两者的轮换中不会发生变化。因为已经确认 β_1^3 和 β_2^3 在 Ω 中维持不变，所以上述组合在整个三次对称群 S_3 中也不会发生变化。那么，按理应该能用方程中的系数 a、b、c 表示。

实际上，

$$\beta_1^3 + \beta_2^3 = -2a^3 + 9ab - 27c$$

另外，$(\beta_1^3 - \beta_2^3)$ 虽然在 Ω 中维持不变，但是在 Λ 中的符号正好相反。其实，只要再次平方就能解决该问题。也就是说，如果是 $(\beta_1^3 - \beta_2^3)^2$，就能用方程中的系数 a、b、c 表示。

$$(\beta_1^3 - \beta_2^3)^2 = (2a^3 - 9ab + 27c)^2 + 4(3b - a^2)^3$$

既然已经进行到上述阶段，那么接下来只要依次往回推算即可。首先，因为 $(\beta_1^3 - \beta_2^3)^2$ 是用 a、b、c 表示的，所以它的平方根就能计算 $(\beta_1^3 - \beta_2^3)$，将其与 $(\beta_1^3 + \beta_2^3)$ 组合在一起，得到

$$\begin{cases} \beta_1^3 + \beta_2^3 = -2a^3 + 9ab - 27c \\ \beta_1^3 - \beta_2^3 = \pm\sqrt{(2a^3 - 9ab + 27c)^2 + 4(3b - a^2)^3} \end{cases}$$

只要将上述两条公式相加或相减，就能算出 β_1^3 和 β_2^3 的值。然后通过开立方求出 β_1 和 β_2。从根与系数的关系中可以得出

$$\beta_0 = -a$$

那么，β_0、β_1、β_2 可以表示为根的系数 a、b、c 的加减乘除和立方根、平方根。

使用方程的三个根 ζ_1、ζ_2、ζ_3，上述三个 β 被定义为

$$\begin{cases} \beta_0 = \zeta_1 + \zeta_2 + \zeta_3 \\ \beta_1 = \zeta_1 + \omega^2\zeta_2 + \omega\zeta_3 \\ \beta_2 = \zeta_1 + \omega\zeta_2 + \omega^2\zeta_3 \end{cases}$$

将上述三个公式看作关于 ζ_1、ζ_2、ζ_3 的联立方程。因为 $\omega^2 + \omega + 1 = 0$，所以联立方程的根为

$$\begin{cases} \zeta_1 = \frac{1}{3}(\beta_0 + \beta_1 + \beta_2) \\ \zeta_2 = \frac{1}{3}(\beta_0 + \omega\beta_1 + \omega^2\beta_2) \\ \zeta_3 = \frac{1}{3}(\beta_0 + \omega^2\beta_1 + \omega\beta_2) \end{cases}$$

β_0、β_1、β_2 能用方程系数的加减乘除和立方根、平方根表示。因此，将其代入上述等式，得到三个关于 ζ_1、ζ_2、ζ_3 的求根公式。

求根公式具体如下：

$$\begin{cases} \zeta_1 = -\dfrac{a}{3} + \sqrt[3]{-\dfrac{q}{2} + \sqrt{\dfrac{p^3}{27} + \dfrac{q^2}{4}}} + \sqrt[3]{-\dfrac{q}{2} - \sqrt{\dfrac{p^3}{27} + \dfrac{q^2}{4}}} \\[3ex] \zeta_2 = -\dfrac{a}{3} + \omega\sqrt[3]{-\dfrac{q}{2} + \sqrt{\dfrac{p^3}{27} + \dfrac{q^2}{4}}} + \omega^2\sqrt[3]{-\dfrac{q}{2} - \sqrt{\dfrac{p^3}{27} + \dfrac{q^2}{4}}} \\[3ex] \zeta_3 = -\dfrac{a}{3} + \omega^2\sqrt[3]{-\dfrac{q}{2} + \sqrt{\dfrac{p^3}{27} + \dfrac{q^2}{4}}} + \omega\sqrt[3]{-\dfrac{q}{2} - \sqrt{\dfrac{p^3}{27} + \dfrac{q^2}{4}}} \end{cases}$$

不过，

$$p = b - \frac{a^2}{3}, \; q = c - \frac{ab}{3} + \frac{2a^3}{27}$$

这无疑就是卡尔达诺公式。前面效仿了拉格朗日从方程根的轮换对称性中推导求根公式。

第 8 章的开头已经讲过，虽然三次方程 $x^3 - 6x + 2 = 0$ 拥有实数根，其求根公式却要用到虚数。在上述方程中，因为 $a = 0$、$b = -6$、$c = 2$，所以 $p = -6$、$q = 2$，将其代入前面的公式，那么例如 $\zeta_1 = \sqrt[3]{-1 + \sqrt{-7}} + \sqrt[3]{-1 - \sqrt{-7}}$，公式中出现了虚数 $\sqrt{-7}$。

5 方程可解是什么意思

再来复习一遍二次方程

$$x^2 + ax + b = 0$$

的解法。首先要关注系数 a 和 b 在轮换中维持不变。$(\zeta_1 + \zeta_2)$ 和 $(\zeta_1 - \zeta_2)^2$ 是两个根的组合，而且在轮换中维持不变，同时都能用 a 和 b 表示，即

$$\zeta_1 + \zeta_2 = -a, \quad (\zeta_1 - \zeta_2)^2 = a^2 - 4b$$

第 2 个算式的平方根是 $\zeta_1 - \zeta_2 = \pm\sqrt{a^2 - 4b}$，所以将其与 $\zeta_1 + \zeta_2 = -a$ 组合在一起，构成一个联立方程。通过解联立方程来推导二次方程的求根公式。

在三次方程

$$x^3 + ax^2 + bx + c = 0$$

的情况下，系数 a、b、c 在根 ζ_1、ζ_2、ζ_3 的轮换中维持不变。表示该轮换的三次对称群 S_3 能用 Ω 和 Λ 表示，那么使用该性质找出在三个根的 S_3 中的不变组合 β_0、$(\beta_1^3 + \beta_2^3)$ 和 $(\beta_1^3 - \beta_2^3)^2$。这三个组合均可用方程中的系数 a、b、c 表示，从而确定了 ζ_1、ζ_2 和 ζ_3。

两者都是通过组合根的加减以及乘方，使其能用方程中的系数表示。此时，关键在于根的组合在对称群中维持不变。如果在对称群中能维持不变，那么肯定能用方程中的系数表示。在二次方程和三次方程的情况下确实如此。在二次方程中是组合 $(\zeta_1 + \zeta_2)$ 和 $(\zeta_1 - \zeta_2)^2$，在三次方程中是组合 β_0、$(\beta_1^3 + \beta_2^3)$ 和 $(\beta_1^3 - \beta_2^3)^2$。

拉格朗日解释了关于通过方程的根的轮换解方程的原因。伽罗瓦的进一步研究表明，其原因在于对称群 S_2、S_3 的性质。本来就是伽罗瓦最早归纳了轮换对称性，并提出了"群"的概念。

在二次方程的情况下，能够找到在 S_2 中的不变组合是因为 S_2 只是由 1 和 Γ 组成的。所以，只要在 Γ 中找到不变组合即可，即 $(\zeta_1 + \zeta_2)$ 和 $(\zeta_1 - \zeta_2)^2$。

而且，因为二次方程相对来说比较简单，所以无法突显对称性的作用。不过在三次方程和四次方程的情况下，对称性的作用十分明显。

前面讲过，对称群 S_3 由 Ω 和 Λ 两项组成。这两项都具有一个简单的性质，即 $\Omega^3 = 1$ 和 $\Lambda^2 = 1$。而且，Ω 和 Λ 不能交换位置（改变相乘两项的顺序会导致最终结果发生变化）。不过，因为 $\Lambda \times \Omega = \Omega^2 \times \Lambda$，所以实际上对称群能分解成两个群，即 $\{1, \Omega, \Omega^2\}$ 和 $\{1, \Lambda\}$。这也是为什么在本章第 2 节中可以将 S_3 的 6 种轮换表示为

$$1, \quad \Omega, \quad \Omega^2$$
$$\Lambda, \quad \Omega \times \Lambda, \quad \Omega^2 \times \Lambda$$

如上所示，对称群 S_3 由 $\{1, \Omega, \Omega^2\}$ 和 $\{1, \Lambda\}$ 这两个简单的群组合而

成。先有群 $\{1, \Lambda\}$,然后从左向右粘贴 $\{1, \Omega, \Omega^2\}$,得到 S_3 的 6 种轮换。俄罗斯套娃是将身体分成上下两部分,里面还装着小一号的套娃。对称群 S_3 就像是一个俄罗斯套娃,两个群相当于一个"嵌套结构"。

按照上述方法,就能找出三次方程的根在 S_3 中的不变组合。首先在 Ω 中找出不变组合 β_0、β_1^3 和 β_2^3,接着只要在 Λ 中找到不变组合 β_0、$(\beta_1^3 + \beta_2^3)$ 和 $(\beta_1^3 - \beta_2^3)^2$ 即可。因为这些组合都只使用了平方和立方,所以只要开平方或开立方就能解出三次方程。

那么,四次方程又是什么情况呢? 此时,关键在于四次方程的对称群 S_4。二次对称群 S_2 由 1 和 Γ 组成,三次对称群 S_3 由 6 种轮换组成。四次对称群 S_4 则有 24 种轮换。使用满足 $\Lambda_1^2 = 1$、$\Lambda_2^2 = 1$、$\Lambda_3^2 = 1$、$\Omega^3 = 1$ 的 Λ_1、Λ_2、Λ_3 和 Ω,将其表示为一个嵌套结构,即

$$\Lambda_1^n \times \Lambda_2^m \times \Omega^r \times \Lambda_3^s,$$
$$(n = 0,1;\ m = 0,1;\ r = 0,1,2;\ s = 0,1)$$

组合的方式共计 $2 \times 2 \times 3 \times 2 = 24$ 种,与 S_4 的元素(要素)数量相等。换言之,对称群由 4 个简单的群 $\{1, \Lambda_1\}$、$\{1, \Lambda_2\}$、$\{1, \Omega, \Omega^2\}$ 和 $\{1, \Lambda_3\}$ 嵌套组成。前面所说的"简单的群"是指一个轮换的乘方,即 $\{1, \Omega, \Omega^2, \cdots, \Omega^{p-1}\}$。在数学中,这种群被称作"循环群"。

使用 S_4 四次对称群的上述性质,寻找四次方程的根在 S_4 中的不变组合。从四个根开始,

(1)首先在 Λ_1 中寻找不变组合(用平方表示);

(2)其次在 Λ_2 中寻找不变组合(用平方表示);

(3)接着在 Ω 中寻找不变组合(用立方表示);

(4)最后在 Λ_3 中寻找不变组合即可(用平方表示)。

上述组合在 S_4 中能维持不变,所以保证能用四次方程中的系数表示。

因此只要开平方或开立方，就能用方程中的系数表示原来的四个根。这也就是四次方程的求根公式。寻找不变组合时只用到平方和立方，所以只需进行开平方和开立方的步骤，就能重现《大术》中记载的费拉里公式。

6　五次方程与正二十面体

终于轮到五次方程了。此时，关键在于表示五个根 ζ_1、ζ_2、ζ_3、ζ_4、ζ_5 轮换的对称群 S_5。和之前的 S_2、S_3、S_4 一样，如果 S_5 是一个简单群（循环群）的嵌套结构，那么就能用乘方来解，否则就不能解。

五次对称群 S_5 能分解成一个特殊群 $\mathbf{I}$（后面再解释）和一个任意两个根（例如 ζ_1 和 ζ_2）轮换的群 $\{1, \Lambda\}$。

不过，群 $\mathbf{I}$ 不能继续分解。（具体原因请参阅本书附录中的补充知识。）

前面已经说明了三次对称群 S_3 和正三角形的旋转对称性一样。同样，群 $\mathbf{I}$ 也与某个图形的旋转对称性相对应。不过，这个图形指的不是二维图形，而是图 9-6 所示的三维正二十面体。$\mathbf{I}$ 取自表示正二十面体意思的英文单词 "icosahedron" 的首字母。

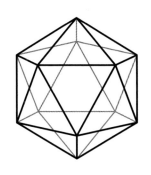

图 9-6　正二十面体由 20 个正三角形、30 条棱和 12 个顶点构成

正二十面体群与在解方程时所使用的 $\{1, \Omega, \Omega^2, \cdots, \Omega^{p-1}\}$ 形式的 "循环群" 具有相同的性质。尤为重要的是，正二十面体群中包含不能互换的旋转。如图 9-7 的左边所示，围绕贯穿顶点的轴旋转 72°（360°/5）后，

正二十面体与初始的图形相重合。而且，如图 9-7 的右边所示，围绕贯穿正三角形面重心的轴旋转 120°(360°/3) 也是正二十面体的对称性。连续进行这两种旋转时，其结果因旋转顺序而发生变化。

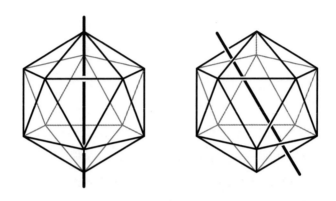

图 9-7　围绕贯穿顶点的轴旋转（左）与围绕贯穿面的重心的轴旋转（右）
"不能互换"，也就是说相乘两项的先后顺序"不能互换"

在三次对称群 S_3 中，相乘两项的先后顺序"不能互换"，即 $\Lambda \times \Omega \neq \Omega \times \Lambda$。不过在这种情况下，因为 $\Lambda \times \Omega = \Omega^2 \times \Lambda$，所以整个 S_3 可以整理成

$$1, \quad \Omega, \qquad \Omega^2$$
$$\Lambda, \quad \Omega \times \Lambda, \ \Omega^2 \times \Lambda$$

而且能被分解为 $\{1, \Omega, \Omega^2\}$ 和 $\{1, \Lambda\}$。这也是三次方程能分解成立方根和平方根的原因。

不过我在补充知识中解释过，正二十面体群不能继续分解，而且也不能互换相乘的先后顺序。因此，在五次方程的情况下，只是单纯对五个根重复进行加法和减法以及乘方运算的话，就无法在 S_5 中找到不变的组合。如果五个根能用方程中系数的乘方表示，那么只要重复

加法、减法和乘方运算就能推导出原来的系数。既然无法推导出原来的系数，那么就说明单靠乘方无法表示求根公式。

7 伽罗瓦最后的书信

下面引用伽罗瓦的话来说明上述内容。在他于决斗前夜写给朋友舍瓦利叶的信中，记载着以下这段话（《阿贝尔 / 伽罗瓦椭圆函数论》，高濑正仁译，朝仓书店）：

> 关于在何种情况下能用根式求解的论点，我已经研究清楚了。（中略）假如这些群都分别拥有素数个排列方法，那么该方程用乘方可解。否则，单靠根式求解不可解。

伽罗瓦提到的"这些群"是指在分解根轮换的群时产生的群。

例如，在三次方程中，对称群 S_3 由 Ω 和 Λ 组成。在这种情况下，"这些群"是指 $\{1, \Omega, \Omega^2\}$ 和 $\{1, \Lambda\}$，其"排列个数"分别为 3 和 2。

在四次方程中，对称群 S_4 由 Λ_1、Λ_2、Λ_3 和 Ω 组成。在这种情况下，"这些群"是指 $\{1, \Lambda_1\}$、$\{1, \Lambda_2\}$、$\{1, \Omega, \Omega^2\}$ 和 $\{1, \Lambda_3\}$，其"排列个数"分别为 2、2、3 和 2。伽罗瓦提出的判定是，因为所有的个数均为素数，所以方程用乘方可解。

可以证明当"排列个数"为素数 p 时，该群是类似 $\{1, \Omega, \Omega^2, \cdots, \Omega^{p-1}\}$ 的循环群。此时，只要求出加法和减法运算的 p 次方，就能在该群中找到根的不变组合。而且，只要计算 p 次方根就能得到原来的根。当根的轮换被分解成这些群时，说明该方程用乘方可解。

然而，在五次方程的情况下，对称群 S_5 的"这些群"指的是正二十面体群 **I** 和 $\{1, \Lambda\}$。**I** 包含 60 种旋转，而且 60 不是素数。因为"排列个数"不是素数，所以根据伽罗瓦在最后的书信中所记载的判定条件，五次方程用乘方不可解。

8 方程的"难度"与图形的"美"

前面考虑的对象都是一般形式的 n 次方程，不过伽罗瓦的方法同样适用于特殊形式的方程。例如，

$$x^5 - 15x^4 + 85x^3 - 225x^2 + 274x - 120 = 0$$

虽然是五次方程，但有五个整数根 $x = 1$、2、3、4、5。而且，n 次方程

$$x^n = 1$$

的根对于所有自然数 n，都能用自然数的乘方表示。在表示这种方程的性质时，通常不用对称群，而是使用一般的伽罗瓦群。

虽然不能在这里详细解释什么叫作伽罗瓦群，但它是适用于每一个方程的固定的群。一般形式的 n 次方程的伽罗瓦群就是 n 次对称群，不过在特殊形式的方程中，伽罗瓦群有时会缩小。

伽罗瓦群代表着方程的难解度。例如，因为一次方程

$$ax + b = 0$$

只有一个根，所以在轮换中这个唯一的根只能变成自己本身。此时的伽罗瓦群是 $\{1\}$。一次方程很简单，因此与其对应的伽罗瓦群也很简单。

在一般的二次方程

$$x^2 + ax + b = 0$$

中，伽罗瓦群就是 $S_2 = \{1, \Gamma\}$。因为此时存在轮换 Γ，所以根无法只靠 a 和 b 的加减乘除表示，需要用到平方根。

方程的维次越高，伽罗瓦群也就越大。在一般的五次方程中，伽罗瓦群是 S_5，而且其中包括正二十面体群，因此五次方程不能用方根的形式表示。

不过，在特殊形式的方程中，存在伽罗瓦群变小的情况。例如前面举过的五次方程

$$x^5 - 15x^4 + 85x^3 - 225x^2 + 274x - 120 = 0$$

的伽罗瓦群与一次方程相同，即 $\{1\}$。

而且，在

$$x^3 = 1, \ x^5 = 1, \ x^{17} = 1, \ x^{257} = 1, \ x^{65537} = 1$$

等方程中，伽罗瓦群都是嵌套在群 $\{1, \Lambda\}$（$\Lambda^2 = 1$）中的。只要使用方程的维次是否等于形式为 $n = 2^{2^k} + 1$ 的素数就能得到证明。因为此时只要重复对方程的根进行加减以及平方运算，就能用方程中的系数（在刚才的情况下是 1 和 -1）表示。只要开平方，方程的根全部都能用平方根表示。如果在高斯平面内标绘方程 $x^n = 1$ 的 n 个根，那么刚好是正 n 边形的顶点。既然是平方根，那么就能用尺规作图，所以正三角形、正五边形、正十七边形、正二百五十七边形、正六万五千五百三十七边形都能用尺规作图。

反之，对于一般自然数 n 的方程 $x^n = 1$，在该方程的伽罗瓦群中不仅包含 $\{1, \Lambda\}$，还由对于任何素数 p 的群 $\{1, \Omega, \Omega^2, \cdots, \Omega^{p-1}\}$ 嵌套组成。虽然该方程单靠平方根不可解，但使用一般的乘方就能解。

解难的方程时需要扩张数的概念。如果是整数系数的一次方程，那么使用分数就能解。解二次方程时需要用到整数的平方根，解三次

方程时需要用到整数的立方根。而且，在维次高于五次的方程中出现了无法用幂根表示的数。一般的五次方程的根虽然无法用幂根表示，却能用椭圆模函数表示。

伽罗瓦群向我们阐明了解方程时需要用到的数。伽罗瓦不仅从本质上解答了"五次方程很难"，还解释了"什么是方程的难度"。

伽罗瓦提出的"群"概念被广泛运用于数学的各个领域。我们在本章第 1 节和第 2 节中用群的概念解释了正三角形的对称性，这种思考方式产生于伽罗瓦之后的时代。而且，出现在本章第 6 节中的正二十面体群代表了几何图形的对称性。在我眼中，立体的正二十面体比平面中的正多边形更美，也许是因为表示对称群的群更复杂。在这种情况下，可以说群的复杂性代表了图形的美。

2003 年，俄罗斯数学家格里戈里·佩雷尔曼证明了"庞加莱猜想"[1]，在全世界引起了热议。"庞加莱猜想"与"用群表示图形难度"之间有着一定的联系。在 20 世纪初，法国的数学家亨利·庞加莱试图将伽罗瓦群的概念应用于几何学中。于是他提出了一个叫作"基本群"的群，用来表示各种形状的空间的复杂性。庞加莱认为在三维中只存在一种空间，即基本群中最简单的 {1}。不过他最终也没有成功证明。在空间维次是二维的情况下，自古普遍认为这个猜想是正确的。在高于五维的情况下，史蒂文·斯梅尔在 1961 年成功证明并获得了菲尔兹奖。在四维的情况下，迈克尔·弗里德曼在 1982 年成功证明并获得了菲尔兹奖。佩雷尔曼在最后剩下的三维中证明了该猜想（每隔 21 年实现一个证明，这应该只是偶然）。其实佩雷尔曼在 2006 年同时获得了菲尔兹奖，虽然当时的国际数学联盟主席约翰·鲍尔亲自到圣彼得堡说服他接受奖项，但最后还是被拒绝了。

---

[1] 关于"庞加莱猜想"与佩雷尔曼的故事，可参阅《庞加莱猜想：追寻宇宙的形状》（人民邮电出版社，2015）。

在伽罗瓦以后的数学领域中不断发展的"群"概念从 20 世纪起开始被运用于科学的各个领域。例如爱因斯坦根据物理定律必须具有对称性的原理，创立了狭义相对论和广义相对论。在化学和物质科学领域，科学家运用群的概念区分分子和结晶的结构。此外，在我所研究的基本粒子理论中，群的语言是理解基本粒子及其力量必不可少的工具。

综上所述，伽罗瓦在深入思考"什么是方程的难度"时提出了"群"的概念，而且这个概念对科学技术的发展做出了巨大的贡献。

9 拥有第二个灵魂

本书涉及的数学知识是为了让你在 21 世纪度过有意义的人生，其中包括在日常生活中常见的话题，例如如何估算帮助判断风险的概率或大数等，以及纯粹源于兴趣的知识，例如本章讲到的"方程用幂根是否可解"。

有些人认为在义务教育阶段没有必要教授二次方程的求根公式等日常生活中很少用的数学知识，所以在普及宽松教育的时期，日本教材的编写者从中学的学习大纲中删除了求根公式。但是，学习"不实用的数学"还是具有一定的意义，因为学习数学反映了语言学习的一个侧面。

在澳大利亚的东北部生活着一群土著居民。在他们的语言中没有"左""右"等单词，所以当地土著习惯用东南西北来指代位置，例如他们会说"你北边那只脚上有一只蚂蚁"。因此，他们对东南西北非常敏感，而且方向感超强，绝对不会迷路。

日语和英语的语言结构存在很大的区别，例如英语的表达一定要带主语，不过日语中主语可以省略。例如在类似"昨天干什么去了？""去看电影了"的对话中，两个句子都省略了主语。

斯坦福大学心理学研究实验室近年开展了一个实验，他们分别安排英语母语者和日语母语者观看一段视频。在视频中，出场人物会打碎花瓶，倒翻牛奶。等视频播完以后，他们会问观看者："是谁打碎了花瓶？"当视频中的人故意打碎花瓶时，英语母语者和日语母语者都清楚地记着打碎花瓶的人。然而，当花瓶不小心被打碎时，日语母语者就不太记得起来是谁打碎的。这是因为在日语中表达自己所见的事物时经常会省略主语。

反之，日语中也有一些独特的表达方式。例如日语中有许多表示"我""你"的单词，而且敬语和礼貌语也十分丰富。因此使用日语时，我们习惯判断彼此之间的关系，然后根据关系选择相应的表达方式。

语言的选择在很大程度上影响了我们对身边事物的感受和思考。

古罗马帝国灭亡后，查理大帝重新统一了欧洲。据说查理大帝有一句名言："掌握另外一种语言就是拥有第二个灵魂。"我们的思考方式受语言支配。所以在学习外语时，经常需要学习新的思考方式。

数学语言的出现正是为了帮助我们回归基本原理，尽可能正确地把握事物的本质。第6章曾经引用了笛卡儿的《方法论》，"问题解决后，再综合起来检验，看是否完全，是否将问题彻底解决了"，不允许存在"意料之外"的事情。而且要"小问题从简单到复杂排列，先从容易解决的问题着手"，以及不允许存在模棱两可的表达方式，"凡是我没有明确地认识到的真理，我决不把它当成真的接受"。

学习数学不仅要掌握实用的方法，还要培养思考的能力。第2章开头曾经引用了埃隆·马斯克的话："从真正意义上去创新时，必须得从基本原理出发。"任何领域都一样，先要去发现这个领域中最基本的真理，然后再重新思考。

当然，也有一些情况无法用这样的方法解决。小林秀雄确立了日本的近代评论，深深影响了现代日本人的思考方式。他在其代表作《所谓无常》的卷首文章"当麻"中写道:"存在美的'花',却不存在'花'的美。"也就是说,美是具体的事物,不是一个抽象的概念。

数学的研究对象有限,不过其有限的研究对象包含着一个宏大精彩的世界。伽罗瓦两手揣在怀中,自言自语地说道"存在难的'方程',不存在'方程'的难度"。不过他的思考并没有停在此处,他试图用数学的语言表达这个"难度",从而发明了"群"的语言。最后,"群"成了打开数学新世界大门的钥匙。

数学是一门发展中的语言。在科学的最前线,新的数学不断出现,以表达最新的科学知识。我所在的卡弗里数学物理联合宇宙研究机构中的数学家和物理学家在不断发现新数学的同时,还致力于破解宇宙的奥秘。

创造新的语言是为了讨论前所未有的事物、解答未曾解决的问题。这也是人类最伟大的智力活动之一。本书主要讲述了人类历时几千年构建的各个数学领域,从古巴比伦时期和古希腊时期出发,经历了中国和阿拉伯文明的黄金时代,从中世纪的欧洲到文艺复兴时期的科学革命、江户时代的日本数学、法国大革命和近代德国大学制度,直到现代社会。我认为在接触这些人类活动的过程中"拥有第二个灵魂",这也是数学学习的重要意义所在。

后　记

　　我女儿生于美国加州，长于美国加州，在当地的学校接受义务教育，同时在日语补习学校体验日本的学校生活。她从补习学校小学部毕业时，我作为一名学生家长在谢师宴上发表讲话，除了感谢老师们的谆谆教诲，还提到日英双语教育对拓展孩子们思考方式的作用和意义。我最后在讲话中引出数学也是一门语言，并"希望已经掌握两门语言的你们在学习数学后成为精通三语的人才，我期待你们今后的精彩表现"。日本幻冬舍的小田顺子女士在浏览我的博客时阅读了这篇讲话稿，后来她建议我"继续展开讲话稿的内容，写一本数学读物"，这也是我撰写本书的契机。

　　当时幻冬舍正好在筹建网站"幻冬舍 plus"，因此我开了一个隔周连载的数学专栏，总共持续了 9 个月时间。除我的连载之外，大部分文章是轻松的题材，所以当时我有一种穿着立领礼服闯入时尚派对的违和感。不过每一次发布的连载内容都当选"最受欢迎文章排行榜"的第一名，同时被选为当年"最具影响力文章"之一，获得了许多读者的好评。面向流行网站的读者们传递数学的乐趣和精彩之余，我的文章质量也得到了提高。

　　连载时先用 LaTeX 文档撰写原稿，然后通过 JavaScript 库的MathJax 编辑读者网站上的数学公式。特此感谢幻冬舍的网站负责人柳生真一先生提供的帮助。

　　在决定出版单行本时，我重新考虑了整体的故事性，选择话题并且重新修改说明方式。此外，我还拜托数学各个领域的优秀学者帮我阅读原稿，替我指出其中的不足。特别是大阪大学的大山阳介先生、俄罗斯国立经济高等学院的武部尚志先生和日本东北大学的长谷川浩司先生提出了许多宝贵的意见。

在发布第 5 章"无限世界与不完备性定理"的内容后，数理逻辑领域的专家指出了内容中的多个不足之处，特别是奈良女子大学的鸭浩靖向我提供了详细的建议。

专家和学者的宝贵意见进一步完善了原稿，我在此表示诚挚的谢意。当然，本书内容由我全权负责。选择术语时原则上是以日本初高中的教材为基准，因此在个别情况下也许会与专业领域的学术术语有所出入。

在此之前，我在幻冬舍出版了《引力是什么》和《强力与弱力》，为这两本书担任编辑的小木田先生是科学拓展活动的指导人员。在本书的编辑过程中，他认真研读数学知识，在话题选择和难度调节方面提出了有效的建议。

在连载数学专栏期间，我女儿参加了高中入学考试。她成功考取了第一志愿学校，即位于新英格兰地区的一所寄宿学校，并开始了寄宿生活。我在撰写本书时，心里想的是能为即将面对独立生活的女儿提供什么忠告。

数学和民主主义都诞生于古希腊。数学是一种通过理论寻找真理的方法，而且所使用的理论不依附宗教和权势，受到社会的普遍认可。不是被迫接受结论，而是每一个人都用自己的头脑自由地进行思考和判断。这种姿态同时保证了民主主义能够发挥健全的作用。所以我认为数学和民主主义几乎在同一时期诞生于同一个地方并不是偶然现象。

经济合作与发展组织（OECD）实施的国际学生评估项目（PISA）旨在考查 15 岁学生的学习能力，其中对"数学素养"的界定是"学生能确定并理解数学在社会中所起的作用，作出有充分根据的数学判断和能够有效运用数学。这是作为一个有创新精神、关心他人和有思想的公民，适应当前及未来生活所必需的数学能力"。

随着互联网的普及，我们能够瞬时获取全世界的知识。于是自主思考能力显得尤为重要，它能帮助我们不被海量信息淹没、学会把握本质、创造新的价值。希望本书所介绍的数学语言对你有一定的启示作用。

大栗博司

2015 年春

补　遗

第1章　从不确定的信息中作出判断

A1-1　打赌中的概率问题

假设赢得 1 元的概率为 p，输掉 1 元的概率为 $q = 1 - p$。本书正文中，我假设了手握 m 元，最终赢得 N 元的概率为 $P(m, N)$，并利用下述公式

$$P(m, N) = \frac{1 - (q/p)^m}{1 - (q/p)^N}$$

思考了打赌必胜的方法。下面开始推导上述公式。

首先，概率满足以下公式：

$$P(m, N) = p \times P(m + 1, N) + q \times P(m - 1, N) \qquad (1)$$

假设在第一局中以概率 p 取胜，那么 m 元将增至 $(m + 1)$ 元。当前手头有 $(m + 1)$ 元，因此最终能拿回家 N 元的概率为 $P(m + 1, N)$。相反，假设在第一局中以概率 q 输掉了，那么手头的钱将变为 $(m - 1)$ 元。因此，能拿回家 N 元的概率为 $P(m - 1, N)$。上述公式就表示，赢得第一局并且最终拿回家 N 元的概率 $p \times P(m + 1, N)$，加上输掉第一局并且最终拿回家 N 元的概率 $q \times P(m - 1, N)$，结果等于 $P(m, N)$。

此外，下面这种特殊情况，即

$$P(N, N) = 1$$

也能成立。这个公式表示，如果一开始就手握 N 元，那么由于已经获得了目标金额，所以就不必打赌。因此，能拿回家 N 元的概率为 1。

另外还有一种情况，即

$$P(0, N) = 0$$

也能成立。这个公式表示，如果一开始手头就没有钱，那么根本没法打赌。

概率 $P(m, N)$ 必须满足上述三个公式。正文中所用的公式

$$P(m, N) = \frac{1 - (q/p)^m}{1 - (q/p)^N}$$

就满足上述三个公式。接下来，我们来验证这一点。

首先，$P(N, N) = 1$ 能成立的理由非常简单。使用上述公式计算 $P(N, N)$，因为分子和分母相等，所以结果等于 1。

其次，$P(0, N) = 0$ 之所以能成立，是因为 $(q/p)^0 = 1$。因为 $(q/p)^0 = 1$ 成立，所以 $P(0, N)$ 的分子 $1 - (q/p)^0$ 为 0。一个数的 0 次方一定等于 1，这是乘方的基本性质。关于这一点，第 3 章进行了说明。

要想验证一开始的公式 $P(m, N) = p \times P(m+1, N) + q \times P(m-1, N)$，还需稍加计算。假设在等式两边同时乘以 $1 - (q/p)^N$，那么将得到

$$1 - (q/p)^m = p \times (1 - (q/p)^{m+1}) + q \times (1 - (q/p)^{m-1})$$

因此，只需验证上述公式即可。

等式右边为

$$p \times (1 - (q/p)^{m+1}) + q \times (1 - (q/p)^{m-1})$$
$$= p - \frac{q^{m+1}}{p^m} + q - \frac{q^m}{p^{m-1}}$$
$$= p - q\frac{q^m}{p^m} + q - p\frac{q^m}{p^m}$$
$$= p + q - (p+q)\frac{q^m}{p^m}$$
$$= (p+q) \times (1 - (q/p)^m)$$

由于 $p + q = 1$，因此得到的结果就等于左边。至此，关键公式得到了验证。

这同时验证了 $P(m, N)$ 只能是

$$P(m, N) = p \times P(m+1, N) + q \times P(m-1, N)$$

先来回想 $m = 0, 1, \cdots, N$。举个例子，当 $N = 2$ 时，$m = 0, 1, 2$，公式 (1) 可表示为

$$P(1, 2) = p \times P(2, 2) + q \times P(0, 2)$$

已知 $P(0, 2) = 0$，$P(2, 2) = 1$，那么 $P(1, 2) = p$。$P(m, 2)$ 决定了所有 m 的值。

当 $N = 3$ 时，情况又如何呢？当 $N = 3$ 时，$m = 0, 1, 2, 3$，公式 (1) 可表示为

$$P(1, 3) = p \times P(2, 3) + q \times P(0, 3) = p \times P(2, 3)$$
$$P(2, 3) = p \times P(3, 3) + q \times P(1, 3) = p + q \times P(1, 3)$$

由于 $P(0, 3) = 0$，$P(3, 3) = 1$，因此上述公式可转换成关于 $P(1, 3)$ 和 $P(2, 3)$ 的联立一次方程式，它的解将决定 $P(1, 3)$ 和 $P(2, 3)$ 的值。

无论 N 等于多少，公式 (1) 均为关于 $P(1, N), P(2, N), \cdots, P(N-1, N)$ 的 $(N-1)$ 个联立一次方程式(前提为 $P(0, N) = 0$，$P(N, N) = 1$)。而且，它的解决定所有 $P(m, N)$ 的值。

手握 m 元，最终拿回家 N 元的概率 $P(m, N)$ 满足上述三个公式。反之，在满足上述三个公式的前提下，可得出 $P(m, N)$ 的值。如果存在满足条件的 $P(m, N)$，那么这应该就是正确答案。正文中所用的概率公式

$$P(m, N) = \frac{1 - (q/p)^m}{1 - (q/p)^N}$$

就满足上述三个公式，因此这便是答案。

A1-2　乳腺癌检查中的阳性概率

在正文中，我提到 40 多岁的女性在接受乳房 X 光检查时，结果呈阳性的概率为 8%，即 $P($ 阳性 $) = 0.08$，并计算了结果呈阳性时真的患有乳腺癌的概率。在此，我打算以正文中的数据和 $P($ 未患上乳腺癌 $\rightarrow$ 阳性 $) = 0.07$ 为前提，尝试推导出 $P($ 阳性 $) = 0.08$。

接下来，尝试计算 $P($ 阳性 $)$ 的值。此处需要使用的公式为

$P($ 阳性 $) = P($ 患上乳腺癌 $)P($ 患上乳腺癌 $\rightarrow$ 阳性 $) + P($ 未患上乳腺癌 $)$
$\qquad P($ 未患上乳腺癌 $\rightarrow$ 阳性 $)$

前面我们提到过，$P($ 数学 $)P($ 数学 $\rightarrow$ 理科 $)$ 是指同时擅长数学和理科的概率。同样，$P($ 患上乳腺癌 $)P($ 患上乳腺癌 $\rightarrow$ 阳性 $)$ 是指患上乳腺癌并且检查结果呈阳性的概率，$P($ 未患上乳腺癌 $)P($ 未患上乳腺癌 $\rightarrow$ 阳性 $)$ 则是指未患上乳腺癌但检查结果呈阳性的概率。乳腺癌只能是要么"患上"，要么"未患上"，因此上述公式表示，这两种情况下的概率相加便是 $P($ 阳性 $)$ 的值。

已知

$$P(\text{患上乳腺癌}) = 0.008$$

$$P(\text{未患上乳腺癌}) = 1 - 0.008 = 0.992$$

$$P(\text{患上乳腺癌} \to \text{阳性}) = 0.9$$

$$P(\text{未患上乳腺癌} \to \text{阳性}) = 0.07$$

那么将以上数据代入公式，可得

$$P(\text{阳性}) = 0.008 \times 0.9 + 0.992 \times 0.07 \approx 0.08$$

换言之，40 多岁的女性在接受乳房 X 光检查时，结果呈阳性的概率为 8%。

A1-3　如果复查结果呈阳性

如果检查结果为阳性，一般需要复查。假设复查结果也呈阳性，那么患上乳腺癌的概率为多少呢？为了便于计算，假设两次检查的可靠性相同。

在正文中，我们运用贝叶斯定理，以 40 多岁的女性为对象，计算了 $P(\text{阳性} \to \text{患上乳腺癌})$。接下来，以第 1 次检查结果呈阳性的女性群体为对象，开展相同的计算。贝叶斯定理依然为

$$P(\text{阳性})P(\text{阳性} \to \text{患上乳腺癌}) = P(\text{患上乳腺癌})P(\text{患上乳腺癌} \to \text{阳性})$$

不过，在第 1 次检查结果呈阳性的群体中，$P(\text{阳性})$ 和 $P(\text{患上乳腺癌})$ 的数值发生了变化。

在第 1 次检查呈阳性的情况下，患上乳腺癌的概率为 9%。因此，对于该群体，计算时使用的数据为 $P(\text{患上乳腺癌}) = 0.09$。那么，该群体的女性在接受第 2 次检查时结果呈阳性的概率 $P(\text{阳性})$ 等于多少呢？答案为

$$P(\text{阳性}) = P(\text{患上乳腺癌})P(\text{患上乳腺癌} \to \text{阳性})$$
$$+ P(\text{未患上乳腺癌})P(\text{未患上乳腺癌} \to \text{阳性})$$
$$= 0.09 \times 0.9 + 0.91 \times 0.07$$
$$\approx 0.14$$

在上述计算中，第 1 次检查和第 2 次检查的可靠性相同，我们假设了

$$P(\text{患上乳腺癌} \to \text{阳性}) = 0.9，P(\text{未患上乳腺癌} \to \text{阳性}) = 0.07$$

将两者代入贝叶斯公式，

$$P(\text{阳性} \to \text{患上乳腺癌})$$
$$= \frac{P(\text{患上乳腺癌})P(\text{乳腺癌} \to \text{阳性})}{P(\text{阳性})}$$
$$= \frac{0.09 \times 0.9}{0.14}$$
$$\approx 0.58$$

在仅出现一次阳性的情况下，患上乳腺癌的概率只不过 9%。然而，在复查结果呈阳性的情况下，患上乳腺癌的概率高达 58%。

接受检查前患上乳腺癌的概率为 0.8%，检查结果呈阳性时患上乳腺癌的概率为 9%，复查结果呈阳性时患上乳腺癌的概率为 58%。在运用贝叶斯定理的过程中，随着新信息的出现，概率也会相应发生变化。看来，"学习经验"也能用数学的语言去表达。

A1-4　当混入特殊骰子时

在正文中，我们计算了同时使用特殊骰子和普通骰子时，掷出 1 的概率。所用的计算公式如下：

$$P(掷出1) = P(普通)P(普通 \to 掷出1) + P(特殊)P(特殊 \to 掷出1)$$

上述公式同样可以用前述"乳腺癌检查中的阳性概率"中的计算方法进行解释。

$P(普通)P(普通 \to 掷出1)$ 是指手握普通骰子并能掷出 1 的概率，$P(特殊)P(特殊 \to 掷出1)$ 则是指手握特殊骰子并能掷出 1 的概率。骰子只能是要么"特殊"，要么"普通"，因此上述公式表示，这两种情况下的概率相加便是 $P(掷出1)$ 的值。

第2章 回归基本原理

A2-1 减法定律

包含减法运算在内的结合律

加法运算的结合律为

$$(a + b) + c = a + (b + c)$$

因此，假设 $b \to b - c$，那么

$$[a + (b - c)] + c = a + [(b - c) + c]$$

由于减法运算的定义为 $(b - c) + c = b$，因此等式右边为 $a + b$，即

$$[a + (b - c)] + c = a + b$$

如果在等式两边同时减去 c，那么能推导出包含减法运算在内的结合律如下所示。

$$a + (b - c) = (a + b) - c$$

减法运算与乘法运算的分配律

减法运算是加法运算的逆运算，由此可以证明减法运算和乘法运算之间也满足分配律，如下所示：

$$a \times (b - c) = a \times b - a \times c$$

首先，乘法运算满足分配律，因此

$$a \times [(b - c) + c] = a \times (b - c) + a \times c$$

然而，根据减法运算的定义，$(b - c) + c = b$，所以在上式中，等式左边等于 $a \times b$，即

$$a \times b = a \times (b - c) + a \times c$$

在等式两边同时减去 $a \times c$，并交换等式右边和左边，可得

$$a \times (b - c) = a \times b - a \times c$$

于是便推导出了关于减法运算与乘法运算的分配律。

A2-2　分数定律

分数的乘法运算

下面来证明在进行分数的乘法运算时，只要将分子与分子相乘，分母与分母相乘即可。

首先，回到分数的定义，公式表示如下：

$$\frac{a}{b} \times b = a, \qquad \frac{c}{d} \times d = c$$

将上面两个等式的左边相乘，再使用结合律和交换律，可得

$$\left(\frac{a}{b} \times b\right) \times \left(\frac{c}{d} \times d\right) = \left(\frac{a}{b} \times \frac{c}{d}\right) \times (b \times d)$$

上述等式的右边相乘，结果等于 $a \times c$。

$$\left(\frac{a}{b} \times \frac{c}{d}\right) \times (b \times d) = a \times c$$

然后，在等式两边同时除以 $b \times d$，可得

$$\frac{a}{b} \times \frac{c}{d} = \frac{a \times c}{b \times d}$$

这证明了在分数的乘法运算中，分子与分子相乘，分母与分母相乘。

约分为何能成立

约分的过程如下所示：

$$\frac{a \times c}{b \times c} = \frac{a}{b}$$

等式左边是 $(a \times c) \div (b \times c)$，因此这也是 $x \times (b \times c) = a \times c$ 的解。

等式右边是 $x \times b = a$ 的解。即，约分之所以成立，是因为方程式

$$x \times (b \times c) = a \times c$$

和

$$x \times b = a$$

的解相同。

其实，假设 x 是 $x \times b = a$ 的解，那么将等式两边同时乘以 c，再

使用乘法运算的结合律，就可以得出 $x \times (b \times c) = a \times c$。即，这两个方程式的解相同。至此，就证明了约分为何能成立。

A2-3　用连分数寻找最大公约数

在对分数进行约分时，必须得找到分子和分母共同的约数，即公约数。如何寻找最大的公约数，即最大公约数呢？高中数学教过使用欧几里得辗转相除法求最大公约数，这里向各位读者介绍另一种方法，即使用连分数求最大公约数。

举个例子，假设要求出 1107 和 287 的最大公约数，下面先尝试用连分数表示分数 1107/287。

$$
\begin{aligned}
\frac{1107}{287} &= 3 + \frac{246}{287} \\
&= 3 + \cfrac{1}{\cfrac{287}{246}} \\
&= 3 + \cfrac{1}{1 + \cfrac{41}{246}} \\
&= 3 + \cfrac{1}{1 + \cfrac{1}{\cfrac{246}{41}}}
\end{aligned}
$$

在最后的计算步骤中，本来想将分母 246/41 表示为带分数，结果由于 246/41 可以整除，结果等于 6，所以最终以连分数的形式结束了。

在上述计算过程中，直至最后一个计算步骤结束，我都刻意没有进行约分。于是，最后的分子 246 刚好能整除分母 41，得到 6。其实从下往上观察算式时会发现，最初的 1107/287 中分子和分母的最大公约数即为 41，对其进行约分后，可以得出 1107/287 = 27/7。如果在

上述算式中令 $246/41 = 6$，那么实际上其结果与使用连分数表示 27/7 时的结果相同，如下所示：

$$\frac{27}{7} = 3 + \frac{6}{7} = 3 + \frac{1}{\frac{7}{6}} = 3 + \cfrac{1}{1 + \frac{1}{6}}$$

任何分数经过连分数计算的处理，得到的分数的分子和分母都会不断变小。因此，计算连分数的处理肯定会结束。在最后一步可以得到最初的分子和分母的最大公约数。

其实，该方法与欧几里得辗转相除法在本质上是相同的。此处就不再赘言了，不过如果对照高中数学教材中的解说，你会发现两种方法的每个计算步骤基本上是一一对应的。感兴趣的读者可自行确认。

A2-4　$\sqrt{2}$ 为无理数的几何证明

假设图 A-1 所示的三角形 ABC 为等腰直角三角形：

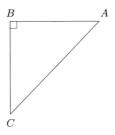

图 A-1　三角形 ABC

那么，

$$\sqrt{2} = \frac{AC}{AB}$$

我们试着从几何学角度思考能否用自然数之比表示 $\sqrt{2}$。

在直角三角形的斜边 AC 上选一个点 D，使得 $AB = AD$，如图 A-2 所示：

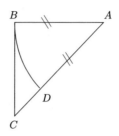

图 A-2 在斜边 AC 上选一个点 D，使得 $AB = AD$

那么，由于 $AC = AD + DC = AB + DC$，因此将其代入上述等式后，可得

$$\sqrt{2} = \frac{AC}{AB} = \frac{AB + DC}{AB} = 1 + \frac{DC}{AB}$$

也就是说，如果 $\sqrt{2}$ 为分数，那么 DC/AB 也应为分数。

接着，画一条过点 D 并垂直于 AC 的直线，并假设直线与直角边 BC 的交点为 E，如图 A-3 所示：

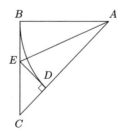

图 A-3 画一条过点 D 并垂直于 AC 的直线

那么，$\angle DCE$ 等于 45 度，所以三角形 DCE 为直角三角形，并且 $DC = DE$。此外，三角形 ADE 等于三角形 ABE，因此 $DE = BE$，即 $DC = BE$，也可表示为

$$AB = BC = BE + EC = DC + EC$$

将其代入上面的等式后，可得

$$\sqrt{2} = 1 + \frac{DC}{AB} = 1 + \frac{DC}{DC + EC} = 1 + \frac{1}{1 + \dfrac{EC}{DC}}$$

然而，正如图 A-3 所示，三角形 DCE 是直角三角形，因此

$$\frac{EC}{DC} = \sqrt{2}$$

那么，

$$\sqrt{2} = 1 + \frac{1}{1 + \sqrt{2}}$$

上述等式出现在正文中的第 41 页，正是推导使用连分数表示的 $\sqrt{2}$ 时所使用的公式。如果重复上述公式，连分数的运算将无限持续，由此可以发现 $\sqrt{2}$ 是无法用自然数之比表示的。

从几何学角度来看，连分数运算的无限持续状态可如图 A-4 这样表示。

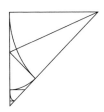

图 A-4　连分数运算的无限持续状态

第3章　大数并不恐怖

A3-1　风力发电到底多实用

　　作为"费米问题"的一个例子，正文中曾提到人类活动在很大程度上导致了近年来大气中二氧化碳浓度的增加。我们既担心二氧化碳排放会对气候造成影响，又害怕导致二氧化碳排放的化石燃料在不久的将来会枯竭。而核力发电则让人担心安全性，而且用过的核燃料的保存问题也尚未得到解决。人类社会若想在未来的数千年甚至更久的时间里繁荣下去，就必须开发安全的可再生能源。

　　风力发电便是一种替代性能源。那么，风力发电能产出多少电力呢？

　　即便迎面吹来一定程度的强风，我们依旧能逆风前行。也就是说，我们身体感受到的风的强度比身体本身释放的能量要弱得多。因此，如果发电机使用长度约为1米的扇叶，那么产出的能量仅约为人均耗能量的几十分之一，换算成电量的话，也就是几瓦。

　　当然，扇叶越大，输出的能量也越多，不过巨型扇叶的运转又需要有足够大的场地。根据我们目前的估算，类似风车的发电机，即通过不断旋转扇叶发电的风力发电机，想要产出足够一个人使用的能量，则需要几十平方米的场地。

　　我们在正文中估算过，在现代社会中每人每天的耗能量相当于从食物中摄取的能量的50倍，即100 000千卡。日本大约有1亿人口，那么整个日本的耗能量就相当于其50亿倍。风力发电输出一人所需的能量时需要几十平方米的场地，那么想要通过风力发电来覆盖整个日本的能量消耗，则大概需要10^{11}平方米的场地。

　　我们拿这个面积跟日本的国土面积来对比一下。东京与大阪间的距离约为 500 千米，这相当于日本列岛长度的几分之一。因为日本是细长形分布，所以可以估算出，整个日本的面积大约为 $500 \times 500 = 2.5 \times 10^5$ 平方千米，即 2.5×10^{11} 平方米。可见，该面积在估算上基本与风力发电所需的场地面积保持一致。

如果想要通过风力发电来覆盖整个日本的能量消耗，那么需要用到日本大部分的国土面积。当然，也许可以建在海上或采用产能效率更高的设计。不过，考虑到实际情况，只依赖风力发电看起来并不可行。

风能是太阳能的衍生品。如果绝大部分的太阳能被转换成可利用的能源，那么日本是否就可以实现能源的自给自足了呢？

以照射在日本国土上的太阳光来说，每平方米的太阳光可满足两三人的能量消耗需求，换算成电量大概是 200 瓦到 300 瓦。如果能将绝大部分的太阳光转换成能量，效率会比风力发电高几十倍。这样一来，只需用到日本国土面积的几十分之一，产出的能量就足够覆盖整个日本社会的能量消耗。如何将太阳光转换成可利用的能源呢？这个课题对人类的未来非常重要。

我所属的加州理工学院从 2010 年起开设了研究人工光合作用的研究所，致力于开发一种技术，利用大阳光、水和二氧化碳生产出可利用的能源。这项技术旨在尝试提高植物从 10 亿多年前就在不断进行的光合作用的效率。

A3-2　$\ln(1+\epsilon) \approx \epsilon$ 的证明

首先来回忆对数的定义，即 $\ln e^x = x$。这里假设 $x = 1$，那么 $e = e^1$，因此可得

$$\ln e = \ln e^1 = 1$$

当 n 较大时，$e \approx (1 + 1/n)^n$，因此上述等式也可以写作

$$\ln\left(1 + \frac{1}{n}\right)^n \approx 1$$

由于 $\ln(1 + 1/n)^n = n \times \ln(1 + 1/n)$，所以可得

$$n \times \ln\left(1 + \frac{1}{n}\right) \approx 1$$

在约等号两边同时除以 n，可得

$$\ln\left(1 + \frac{1}{n}\right) \approx \frac{1}{n}$$

由于 n 是较大的数，因此 $1/n$ 为较小的数。由此可知，关于较小的数 ϵ，有下面这个简单的式子

$$\ln(1 + \epsilon) \approx \epsilon$$

近似成立。

A3-3　选出命中注定之人

奈皮尔常数 e 除了用于计算复利，还能用于许多其他场合。

假设想从 N 位恋爱候选人中挑选出自己最喜欢的对象。让所有恋爱候选人同时出现，在对比后从中选出第一名的方法比较简单，不过这里选择按顺序挨个见面的方法。已知有 N 位候选人，但他们的出现顺序是未知的。拒绝一位后，才能轮到下一位出现。即便前面的候选人更好，也不能反悔。一旦拒绝，就再也不能见面。

为了便于解释，假设你在比较 N 位候选人时，能够果断地排出第一名、第二名……第 N 名，而且不存在得分相同的情况。见面的目的

是挑出自己最喜欢的那一位，所以挑选第二名或第三名就毫无意义了。

比如，选择第一位见面的人，那么"这个人是第一名"的概率为 $1/N$。在这种方法中，N 越大，遇见命中注定之人的概率就越低。不过，不管 N 的值有多大，都有方法能让你以 0.368 左右的概率选出第一名。下面我对此稍作解释。

与恋爱候选人见面时，将对待对方的态度分成"观察模式"和"认真模式"。前面的 $(m-1)$ 人均是仅见一面就拒绝了，这就是观察模式。当见到第 m 人时，开启认真模式。认真模式是指，比起前面所有人，更喜欢这个人。把采取上述策略时选出第一名的概率记作 $D(m,N)$。D 为 Destiny（宿命）的第一个字母。候选人共有 N 位，因为是从第 m 位起开启认真模式并选出命中注定之人的概率，所以 D 后面补充了 (m,N)。

假设有 2 位候选人，即 $N=2$，那么第一名只能是第一位或第二位出来见面的人，因此无论 m 等于 1 还是 2，选出第一名的概率均为 $1/2$。

假设有 3 位候选人，则概率将随着策略而发生变化。如果给这 3 位候选人排名，则出现顺序共有以下 6 种情况：

$$[\mathbf{1}, 2, 3], [\mathbf{1}, 3, 2], [2, \mathbf{1}, 3]$$
$$[3, \mathbf{1}, 2], [2, 3, \mathbf{1}], [3, 2, \mathbf{1}]$$

为了方便大家理解，这里用黑体突出标记第一名。在上述 6 种情况中，第一位出来见面的候选人即是第一名的情况分别有 $[\mathbf{1}, 2, 3]$ 和 $[\mathbf{1}, 3, 2]$ 两种，那么在见到第一位就成功选出命中注定之人的概率为 $2/6 = 1/3$。

如果从第二位起开启认真模式，则能在 $[2, \mathbf{1}, 3]$、$[3, \mathbf{1}, 2]$、$[2, 3, \mathbf{1}]$ 这三种情况下成功选出第一名。虽然在 $[3, 2, \mathbf{1}]$ 这种情况下，第一名也是在开启认真模式以后出现的，但是直到最后关头第一名才出现，所以当第二位候选人即第二名出现时，由于比起第一位候选人更喜欢第二位候选人,因此直接选择了第二位。也就是说,最终没能见到第一名。所以,在从第二位起开启认真模式的策略中,最后成功的概率为 $3/6 = 1/2$。

直到第三位候选人出现,并选择了第三位的情况有 $[2, 3, \mathbf{1}]$ 和 $[3, 2, \mathbf{1}]$,概率为 $1/3$。

综上所述,

$$D(1, 3) = \frac{1}{3}, \qquad D(2, 3) = \frac{1}{2}, \qquad D(3, 3) = \frac{1}{3}$$

很显然,想要选出自己心中的第一名,最好的方法是从第二位起开启认真模式。

如上所示,如果分情况进行计算,那么当有 N 位候选人时,从第 m 人起开启认真模式,并成功选出心仪之人的概率为

$$D(m, N) = \frac{1}{N} + \frac{m-1}{N}\left(\frac{1}{m} + \cdots + \frac{1}{N-1}\right)$$

在使用上述公式时,只要明确候选人数量 N,就能计算出从第几人起开启认真模式最好。这里尝试代入了几个不同数值的 N,并算出了当概率 $D(m, N)$ 最大时 m 的值,以及相应的 $D(m, N)$ 的值,结果如表 A-1 所示。

表 A-1　当 N 为不同数值时 $D(m, N)$ 的概率值

N	m	m/N	$D(m, N)$
3	2	0.667	0.500
5	3	0.600	0.433
10	4	0.400	0.399
100	38	0.380	0.375
1000	369	0.369	0.368

当有 N 位候选人,需要从中随机选出一位时,刚好选中第一名的概率为 $1/N$。N 的值越大,这个概率越低。不过,一旦采用观察模式

和认真模式相结合的策略，不管 N 的值有多大，都能确保概率不会轻易降低。例如 $N = 1000$，则随机挑选并成功的概率为 $1/1000$，但是如果从第 369 位起开启认真模式，那么选出命中注定之人的概率为 0.368，0.368 约等于奈皮尔常数的倒数 $1/e$，即 $0.367\ 879\ 4\cdots$。N 的值越大，使得概率 $D(m, N)$ 最大的 m 的值就越接近 N/e。换言之，要在见过全体的 36.8% 后，再开启认真模式。此时的概率 $D(m, N)$ 也能接近 $1/e$。这意味着，无论 N 的值有多大，只要采用从 N/e 位起开启认真模式的策略，就能以 $1/e$ 的概率成功。

天文学家开普勒在 1613 年给斯德拉德鲁弗男爵写过一封信，据信中记载，他在第一任妻子过世后，花了整整两年时间谨慎地挑选再婚对象（他的第一次婚姻似乎并不幸福）。据说他轮流与 11 位候选人相亲，但最后向第 5 位候选人求婚了。当 $N = 11$ 时，概率 $D(m, N = 11)$ 在 $m = 5$ 时取最大值，也许开普勒早就知晓了上述策略。

言归正传，为什么此处会出现奈皮尔常数呢？在解释这个疑问前，需要先求出

$$D(m, N) = \frac{1}{N} + \frac{m-1}{N}\left(\frac{1}{m} + \cdots + \frac{1}{N-1}\right)$$

最大时 m 的值。当 m 和 N 的值都较大时，上述概率公式可写作

$$D(m, N) \approx \frac{m}{N}\ln\left(\frac{N}{m}\right)$$

如果运用微分和积分，那么解说会更简明易懂。不过第 3 章尚未涉及微积分的知识，因此以下解说篇幅略长。已掌握微积分的读者则可自行思考相关解法。

概率 $D(m, N)$ 的公式中包含从 $1/m$ 一直加到 $1/(N-1)$ 的和，不过当 m 和 N 的值都较大时，可运用对数将公式写作

$$\frac{1}{m} + \cdots + \frac{1}{N-1} \approx \ln\left(\frac{N}{m}\right)$$

为了表示上述公式，尝试将其之和写作

$$f(m, N) = \frac{1}{m} + \frac{1}{m+1} + \cdots + \frac{1}{N-1}$$

将其中的 m 替换成 $m+1$，可得

$$f(m+1, N) = \frac{1}{m+1} + \cdots + \frac{1}{N-1}$$

因此，计算 $f(m, N)$ 和 $f(m+1, N)$ 的差时会发现，等式右边除了 $1/m$ 外全部被抵消，公式

$$f(m, N) - f(m+1, N) = \frac{1}{m}$$

成立。

关于对数，第 3 章正文的"让银行存款翻倍需要多少年"部分提到过，当 m 的值较大时，公式

$$\ln\left(1 + \frac{1}{m}\right) \approx \frac{1}{m}$$

成立。对数拥有 $\ln X - \ln Y = \ln(X/Y)$ 的性质，因此可得

$$\begin{aligned}
\ln(m+1) - \ln m \\
= \ln\left(\frac{m+1}{m}\right) \\
= \ln\left(1 + \frac{1}{m}\right)
\end{aligned}$$

即

$$\ln(m+1) - \ln m \approx \frac{1}{m}$$

而 $f(m, N) - f(m + 1, N)$ 也等于 $1/m$，因此都等于 $1/m$ 的两项也相等，那么上述公式可以写作

$$f(m, N) - f(m + 1, N) \approx \ln(m + 1) - \ln m$$

在这个公式中，将 $f(m + 1, N)$ 移至等式右边，将 $\ln m$ 移至等式左边，可得

$$f(m, N) + \ln m \approx f(m + 1, N) + \ln(m + 1)$$

上述公式有着什么样的含义呢？左边是 $f(m, N) + \ln m$，右边是相同的格式，只不过 m 被替换成了 $m + 1$。在自然数 m 的函数中，即使 m 被替换成了 $m + 1$，其值也不会发生变化，即这个组合的值并非取决于 m 的值。

那么，这个值取决于什么呢？既然无论 m 的值等于多少，$f(m, N) + \ln m$ 的值都不变，那么 m 也可以等于 $N - 1$。$f(m, N)$ 原本是 $1/m + \cdots + 1/(N - 1)$ 的和，那么假设 $m = N - 1$，则 $f(m = N - 1, N) = 1/(N - 1)$。这样一来，

$$f(m, N) + \ln m \approx f(N - 1, N) + \ln(N - 1)$$
$$= \frac{1}{N - 1} + \ln(N - 1)$$

当 N 的值足够大时，等式右边的 $1/(N - 1)$ 的值会小到可以忽略，而且 $\ln(N - 1)$ 与 $\ln N$ 近似相等（这是因为两者的差 $\ln(N - 1) - \ln N$ 为 $\ln(1 - 1/N)$，N 的值越大，$-1/N$ 的值越小）。即，可记作

$$f(m, N) + \ln m \approx \ln N$$

将 $\ln m$ 移至约等号的右边，可得

$$f(m, N) \approx \ln N - \ln m$$
$$= \ln \left(\frac{N}{m} \right)$$

当 m 和 N 的值均较大时，可得

$$\frac{1}{m} + \cdots + \frac{1}{N-1} \approx \ln \left(\frac{N}{m} \right)$$

因为可以选出命中注定之人的概率为

$$D(m, N) = \frac{1}{N} + \frac{m-1}{N} \left(\frac{1}{m} + \cdots + \frac{1}{N-1} \right)$$

所以把上述公式代入后，可得

$$D(m, N) \approx \frac{m}{N} \ln \left(\frac{N}{m} \right)$$

只要运用上述公式，就能求得当选出命中注定之人的概率 $D(m, N)$ 最大时 m 的值。观察图 A-5（在图中，$\log_e$ 记作 $\ln$）会发现，大概在 $x = 0.37$ 时，y 的值最大。对照概率 $D(m, N)$ 的公式可知，由于 $x = m/N$，因此 $m/N = 1/e$，即当 $m = 0.37 \times N$ 时概率取最大值。

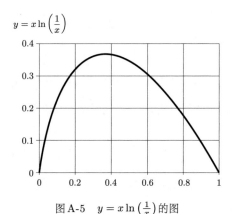

图 A-5　$y = x \ln \left(\frac{1}{x} \right)$ 的图

实际上，如果运用奈皮尔常数表示，则 0.37 等于 1/e。为何刚好等于 1/e 呢？请看下面的解说（同样，若运用微分，以下解说会更简明易懂）。

在图 A-5 中，当 x 的值从 0 开始不断增大时，$x \ln\left(\frac{1}{x}\right)$ 也随之不断变大，大概在 $x = 0.37$ 时取最大值，随后又逐渐递减。即，当 m 的值不断增大时，概率 $D(m, N) \approx \frac{m}{N} \ln\left(\frac{N}{m}\right)$ 在刚开始也不断增大，在 $m = 0.37 \times N$ 时取最大值，随后又逐渐递减。当概率取最大值时，即便将 m 替换成 $m + 1$，$D(m, N)$ 也既不会增大也不会减小。

换言之，当 m 使 $D(m, N)$ 取最大值时，$D(m, N)$ 的值应该与 $D(m + 1, N)$ 几乎相等，因此需要求得上述情况下 m 的值。

问题的关键在于，当 $D(m, N) \approx D(m + 1, N)$，即

$$\frac{m}{N} \ln\left(\frac{N}{m}\right) - \frac{m+1}{N} \ln\left(\frac{N}{m+1}\right) \approx 0$$

时，m 的值等于多少。当 m 的值较大时，将公式

$$\ln(m + 1) - \ln m \approx \frac{1}{m}$$

代入后，可得

$$\ln\left(\frac{N}{m+1}\right) \approx 1$$

已知 $\ln e = 1$，因此可以记作 $N/(m + 1) = e$。N 和 m 的值均较大，所以可以说 m 和 N/e 近似相等。这便是概率取最大值时 m 的值。

在这种情况下，概率的值本身也可替换成下面这样（要将 $\ln e = 1$ 代入）：

$$D(m, N) \approx \frac{m}{N} \ln\left(\frac{N}{m}\right)$$
$$\approx \frac{1}{e} \ln e = \frac{1}{e}$$

无论 N 的值多大，只要采取在 $m = N/e$ 时切换成认真模式的策略，选出第一名的概率均约为 $1/e$。与随机选出第一名的概率，即 $1/N$ 相比，这项策略的效果更胜一筹。

不过，上述策略也存在风险，如果第一名混在前 $(m-1)$ 人里，那么也许在等待命中注定之人的过程中，直到见完最后一位候选人也碰不到心仪之人。所以可以将目标稍微设低一些，不挑第一名也行。那么，在这种情况下，是否有方法能将候选人的等级平均值提升至最高呢？

简单计算的话，在这种情况下，最好在见到第 $m = \sqrt{N}$ 位候选人时开启认真模式（当 $\sqrt{N}$ 不是自然数时，选择与之最接近的自然数）。例如有 100 位候选人，为了选出第一名，需在见到第 38 位候选人时开启认真模式，不过如果想将候选人的等级平均值提升至最高，则最好在见到第 10 位候选人时就开启认真模式。

我们家在 20 年前来到美国加利福尼亚州，第一次买房子时就采取了上述策略。假设每周末都去看一栋房产中介推荐的房子，并想在半年内选中心仪的房子，那么候选的房子共有 25 栋。如果看完后不立即入手，这栋房子就会被其他人买走。这跟前面找对象的话题类似。于是，因为 $\sqrt{25} = 5$，所以我们从第 5 栋房子起开启认真模式，并开始交涉，最后在看到第 10 栋房子时成功买到了心仪的房子。那栋房子非常棒，它坐落于伯克利的丘陵上，能俯瞰旧金山。不过，在那 6 年后我调到了加州理工学院，就把那栋房子卖了。

A3-4 对数与音阶

声音的高低是通过频率的对数被人感知的。比如在音阶的 1 个八度 "do re mi fa so la xi do" 中，第一个 do 和最后一个 do 间的频率是 2 倍的关系。每上一个八度，频率就高一倍。

第 2 章曾经提到"公元前 6 世纪的伟大数学家毕达哥拉斯发现，两个音符的频率之比构成的分数越简单，两者的和弦就越悦耳动听"。相差一个八度的两个 do，其关系特别简单，即频率呈 1 : 2，因此让人感觉每个八度的音阶一直处于重复的状态。

钢琴的一个八度分布着 7 个白键和 5 个黑键，共 12 个琴键。从第一个 do 移至高一个八度的 do 上时，频率变成 2 倍。琴键共有 12 个，因此一个八度分成 12 个区间。那么，这些区间是如何分配的呢？

相传毕达哥拉斯创造了"毕达哥拉斯音律"，根据该音律，re 的频率是 do 的 $9/8 = 3^2/2^3$ 倍。如表 A-2 所示，毕达哥拉斯音律的特点在于以 2 和 3 为基础规定频率，例如 re 和 do 的频率比为 $3^2 : 2^3$。虽然规定了"两个音符的频率之比构成的分数越简单"，但是其缺点在于分子和分母有可能是大数。比如"do mi so"在现阶段使用的音阶中属于悦耳的和音，但在毕达哥拉斯音律中 do : mi : so = 64 : 81 : 96，即比率并不简单，因此属于不和谐音（不舒服的和音）。

表 A-2　毕达哥拉斯音律

音阶	频率
do	1倍
re	$3^2/2^3$倍
mi	$3^4/2^6$倍
fa	$2^2/3$倍
so	$3/2$倍
la	$3^3/2^4$倍
xi	$3^5/2^7$倍
do	2倍

为了弥补这个缺陷，15 世纪又出现了"纯律"（just intonation），如表 A-3 所示。

表 A-3 纯律

音阶	频率
do	1倍
re	9/8倍
mi	5/4倍
fa	4/3倍
so	3/2倍
la	5/3倍
xi	15/8倍
do	2倍

这样一来，$do:mi:so = 4:5:6$，就属于悦耳的和音。在纯律中，无论音符如何搭配，其频率之比均构成简单的分数，因此很容易创造出和音。但是，纯律也有缺点，即在转调时旋律会发生变化，比如，明明 $do:re = 8:9$，可是 $re:mi = 9:10$。

想要确保转调或移调更灵活，需要让 12 个琴键相邻音符的频率之比保持相等。在对数中，除法运算会转化成减法运算，因此在运用对数计算时，比相等意味着间隔相等。换言之，保持频率之比相等只需运用对数将一个八度进行 12 等分即可。因此，我们用 2 的幂次表示频率，指数按 1/12 为基数递增。这便是目前所使用的标准，即十二平均律(equal temperament)，如表 A-4 所示。

表 A-4 十二平均律

音阶	频率
do	1倍
re	$2^{2/12}$倍
mi	$2^{4/12}$倍
fa	$2^{5/12}$倍
so	$2^{7/12}$倍
la	$2^{9/12}$倍
xi	$2^{11/12}$倍
do	2倍

除了mi和fa，以及xi和do间的间隔，都分布着黑键，因此指数的区间以2/12作为基数。于是，do : re和re : mi均为$1 : 2^{2/12}$，因此转调对旋律不会有任何影响。

另外，为了使和音变得更优美，两个音符的频率之比必须构成简单的分数。运用对数对一个八度进行12等分时，do : so $= 1 : 2^{7/12}$。幸好$2^{7/12} = 1.498\cdots$，与$3/2 = 1.5$极度接近，所以十二平均律中的do 和 so 能发出协调的和音。

A3-5　幂次法则

在自然界中，幂次法则经常出现。正文中介绍的开普勒定律便是一个著名案例，下面再另外介绍两个案例。

20 世纪 30 年代，美国加州大学戴维斯分校的马克斯·克莱伯发现，哺乳动物的体重与代谢率（比如耗能量）之间存在一定的关系，小至老鼠，大到鲸，其关系均为

$$代谢率 \propto (体重)^{3/4}$$

$\propto$ 是表示正比例的符号。老鼠的体重大约为 10^{-1} 千克，鲸的体重大约为 10^5 千克，它们的体重相差 6 位数。在那以后的 80 年间，克莱伯定律被发现还适用于冷血动物，甚至涵盖了植物、单细胞生物、线粒体等，体重差达到了 27 位数。

克莱伯定律也是通过对数坐标图被发现的。图 A-6 为 1947 年克莱伯论文中的图表，横轴的单位是 lg(体重)，纵轴的单位是 lg(代谢率)。从小白鼠到鲸的变化都完美地呈直线分布。不管数据高达几位数，只要运用对数，就能看透其中的规律。

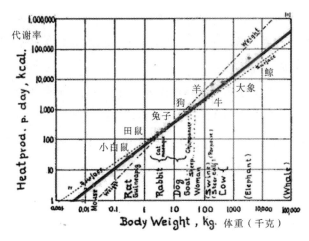

图 A-6   lg(代谢率)/lg(体重)

通过对数坐标图,人类发现了各式各样的幂次法则。比如哺乳动物的心率基本上遵循

$$心率 \propto (体重)^{-1/4}$$

的规律。体重越大的动物,其心率越慢。另外,哺乳动物的寿命基本上遵循

$$寿命 \propto (体重)^{1/4}$$

的规律。哺乳动物一生的总心率,即(心率) × (寿命),其中,心率的(体重)$^{-1/4}$ 与寿命的(体重)$^{-1/4}$ 相抵消,因此所有哺乳动物的总心率基本持平,即一生中心脏大概跳动15亿次。

为了保持身体健康,我一周会去三次健身房,不过我有时在想,既然一生中的总心率是固定的,那么是不是最好不做让心率加速的运动呢?

在人类或动物的社会活动中也能发现幂次法则。哈佛大学的语言学家乔治·齐普夫在利用由英语或日语等自然语言撰写的文献数据统计词频时发现，"等级为 n 的词的频数与 n 成反比"。比如，对英语中经常出现的词 the、of、and、to 等依次排序，根据齐普夫定律，of 的频数是 the 的 $1/2$，and 的频数是 the 的 $1/3$，to 的频数是 the 的 $1/4$。另外，城市人口及其排名、企业收入及其排名都遵循上述定律。

和齐普夫定律相类似的还有帕累托定律，由意大利经济学家维尔弗雷多·帕累托提出。该定律存在多个版本，例如"20% 的销售员创造了 80% 的销售额""20% 的纳税人负担了 80% 的税收"等，不过核心内容都是整体中的一小部分要素创造了大部分内容。人们在观察工蚁时发现，最能干的 20% 的工蚁组成了精英团队，剩下 80% 的工蚁只负责剩余 20% 的工作。

第4章 不可思议的素数

A4-1 并非只有一种分解质因数的方法

正文中介绍过"算术基本定理"，即"将自然数分解成素数的方法具有唯一性"。不过，在某个数学世界中，该定理无法成立。

假设在某个星球上生活着智慧生命体，并孕育了文明。在这个星球上，边长分别为 1 和 2 的长方形被视为神圣之物，其对角线长 $\sqrt{5}$ 则被当作一个特殊的数（根据勾股定理，两条直角边长分别为 1 和 2 的直角三角形，其斜边长等于 $\sqrt{5}$，这相当于长方形的对角线长度）。

日本货币里有 1 元硬币、10 元硬币和 100 元硬币等，这个星球上的货币除了 1 元硬币、10 元硬币外，还有 $\sqrt{5}$ 元硬币、$10\sqrt{5}$ 元硬币、$100\sqrt{5}$ 元硬币等。所以，去水果店时会发现一个苹果的售价是

$(20+30\sqrt{5})$ 元。地球上的数学家们详细地研究了整数的性质，不过在这个星球上，$\sqrt{5}$ 这个数非常重要，因此 $(2+7\sqrt{5})$ 等数的性质被研究得十分透彻。

在这样的数学世界中，也能进行加法运算或乘法运算。加法运算为

$$(2+7\sqrt{5})+(1+3\sqrt{5})=3+10\sqrt{5}$$

乘法运算为

$$\begin{aligned}(2+7\sqrt{5})\times(1+3\sqrt{5})&=2\times1+2\times3\times\sqrt{5}+7\times1\times\sqrt{5}+7\times3\times(\sqrt{5})^2\\&=107+13\sqrt{5}\end{aligned}$$

当然，也能定义减法运算和除法运算。

即便研究的是 $(2+7\sqrt{5})$ 或 $(1+3\sqrt{5})$ 这样的数，也能创造出一个"正经"的数学世界。在地球上，$1,2,3,\cdots$ 等自然数的性质被研究得十分透彻，这是地球环境和人类历史偶然的产物，也许还存在其他不一样的数学世界。

针对这些数，也能思考其素数。不过，并非只有一种分解质因数的方法。以 4 为例，存在如下所示的两种分解方法：

$$4=2\times2=(1+\sqrt{5})\times(-1+\sqrt{5})$$

所以，并非理所当然地只有一种分解质因数的方法。

然而幸运的是，我们的自然数世界已经证明了"算术基本定理"，即"将自然数分解成素数的方法具有唯一性"。因此，素数作为"数的原子"才具备了特殊意义。

A4-2　孪生素数

关于素数类型有一个有名的猜想，即"存在无穷多个孪生素数"。孪生素数是指相差 2 的素数对，比如 3 和 5、11 和 13。大于 2 的素数是奇数，因此除了"2 和 3"的情况外，再也没有比相差 2 的孪生素数离得更近的素数对了。2013 年，人们发现了目前已知最大的孪生素数，即

$$3756801695685 \times 2^{666669} - 1$$

和

$$3756801695685 \times 2^{666669} + 1$$

假设 N 位数素数无规则分布的概率为 $1/(2.3 \times N)$，那么可以猜想存在无穷多个孪生素数。下面进入解说环节。

1 位数有 9 个，2 位数有 90 个，3 位数有 900 个，N 位数有 $9 \times 10^{N-1}$ 个。根据素数定理，N 位数是素数的概率大约为 $1/(2.3 \times N)$，因此大概存在

$$\frac{9 \times 10^{N-1}}{2.3 \times N}$$

个 N 位数素数。随着 N 的值不断变大，10^{N-1} 变大的速度比 N 更快，所以素数也越来越大。

假设素数是随机分布的，那么当存在 N 位数素数时，相差 2 的相邻的数是素数的概率也是 $1/(2.3 \times N)$。因此，在随机选择 N 位数时，这个数与其相差 2 的相邻的数同时为素数的概率应该是 $1/(2.3 \times N)^2$。如果这个概率正确，那么 N 位数的孪生素数估计有

$$\frac{9 \times 10^{N-1}}{(2.3 \times N)^2}$$

个。随着 N 的值不断变大，10^{N-1} 变大的速度比 N 更快，所以孪生素数也应该不断增多。

不过，上述估算成立的前提是素数完全是随机分布的，这就无法证明孪生素数有无限个。这是因为即便 N 位数的素数大概有 $10^N/(2.3 \times N)$ 个，素数也不一定会出现在相差 2 的相邻两个数上。是否存在无限个孪生素数呢？这个问题到现在依旧是未解之谜。

2013 年 4 月 17 日，数学界最具权威的审核杂志之一 *Annals of Mathematics*（《数学年刊》）收到了一篇出乎意料的投稿。这篇投稿来自新罕布什尔大学一位不知名的数学讲师。他在论文中提出，存在无穷多个相差小于 70 000 000 的素数对。投稿到 *Annals of Mathematics* 的论文需要接受严密的审稿，因此从收稿到发表需要花费 2 年时间的情况也不少见。不过，这篇论文大约在收稿一个月后，即 5 月 21 日就被允许发表，这算得上史上最快速的审稿了。审核者在审稿报告中写道："这是关于素数分布的划时代的成果。"

这篇论文的作者名叫张益唐，他在 20 多年前就获得了博士学位，却在很长一段时间里无法找到稳定的学术研究工作，只能在快餐店当店员赚钱糊口。

在发现素数方面，自古以来常用的方法是埃拉托斯特尼筛法，不过为了发现素数对，在 2005 年出现了改良版的筛选法。张益唐着眼于该方法，并经过长达 8 年的研究，在此基础上进一步改良了筛选法，最终筛选出相差小于 70 000 000 的素数对，并证明了存在无穷多个这样的素数对。

一旦明确"这个方针能发现素数类型"，那么会有许多数学家参与研究。他们会努力改良张益唐的研究成果，试图利用相同定理去证明相差更小的素数。

最近许多数学家通过互联网，合作证明定理。2009 年剑桥大学的提摩西在自己的博客中呼吁大家在评论栏用不同的方法证明某个定理，结果大概 40 个人花了 6 周时间，就完成了整个证明过程。最后这个成果以 Polymath 的名字正式发表。polymath 在英语中是博学家的意思，意味着拥有百科全书般的知识。我想，就这个成果来说，它还包含"许多"(poly)"数学家"(math ematicians) 的意思。

为了改良张益唐的研究成果，人们甚至还制订了 Polymath 计划。2013 年 7 月 27 日，他们证明了存在无穷多个相差小于 4680 的素数对（间隔一下子从 70 000 000 缩短至 4680 ）。

不过，传统的数学研究法依然"健在"。当年 11 月 19 日，蒙特利尔大学的詹姆斯·梅纳德发表定理，进一步将相差间隔缩短至 600。

按照这速度，存在无穷多个相差 2 的素数对，即孪生素数的猜想被成功证明的日子也许不远了。

在修改本稿的此时，我听说张益唐获得了美国数学学会 2014 年度的柯尔奖。柯尔奖是纪念第 4 章开头提到的弗兰克·纳尔逊·柯尔教授的奖项。从论文投稿到获奖只用了 9 个月，这又是一个史上最迅速的壮举。祝贺张老师！

A4-3　若干 9 并列的数的质因数分解

接下来聊聊欧拉定理的简单应用。对 9、99、999 等若干 9 并列的数进行质因数分解时，

$$9 = 3^2, \quad 99 = 3^2 \times 11, \quad 999 = 3^3 \times 37, \quad 9999 = 3^2 \times 11 \times 101,$$
$$99\,999 = 3^2 \times 41 \times 271, \quad 999\,999 = 3^3 \times 7 \times 11 \times 13 \times 37, \cdots$$

上述算式中出现了 3、7、11、13、37、41、101、271 等素数。实际上，观察以上若干 9 并列的数时会发现，2 和 5 以外的所有素数会出现在某

个质因数中。看起来我们好像发现了什么不可思议的现象，其实这可以通过欧拉定理进行证明。

N 个 9 并列的数可以记作 $(10^N - 1)$，例如 $10^1 - 1 = 9$、$10^2 - 1 = 99$、$10^3 - 1 = 999$。

根据欧拉定理，如果 n 和 m 互为素数，则 $(n^{\varphi(m)} - 1)$ 能用 m 整除。那么，如果 $n = 10$，$(10^{\varphi(m)} - 1)$ 中的 m 和 10 互为素数，则这个数能用 m 整除。m 和 10 互为素数，就意味着质因数不会出现 2 和 5。

假设 p 为素数，$p \neq 2, 5$，则 $\varphi(p)$ 个 9 并列的数 $10^{\varphi(p)} - 1$ 能用 p 整除。这证明了若干个 9 并列的数中会出现"2 和 5 以外"的所有素数。

A4-4　素数之歌

第 4 章正文的文末引用 19 世纪的美国思想家和诗人亨利·戴维·梭罗的"数学是诗，不过大部分还尚未被人诵读"，指出了"关于素数，想必以后还会有更多的诗为人诵读吧"。

芝加哥大学的数学教授、数论专家加藤和也于 2005 年获得日本学士院奖和恩赐奖，他在领奖时唱了一首《素数之歌》，并向日本明仁天皇和皇后两位陛下介绍了自己的研究。

《素数之歌》

素数之歌
咚咚响起
侧耳倾听
传来快乐的歌曲

素数之歌

咚咚响起

高声合唱

素数的爱之歌

素数之歌

咚咚响起

温柔的星星之子

唱起纯粹的心愿

素数之歌

悠悠响起

兔子和梅花鹿在倾听

森林里传出神奇笛声

素数之歌

掷地有声

素数正做着美梦

歌唱未来的梦想

第 1 段歌词唱的是"只有用心研究，才能理解素数"，第 2 段唱的是"看起来独立、分散的素数之间也存在着联系，有着整体结构"。

听说过了几天，皇太子殿下反馈说："解释得特别风趣，皇后陛下非常开心。"

第5章 无限世界与不完备性定理

希尔伯特旅馆悖论

希尔伯特从 1924 年至 1925 年在哥廷根大学授课，课程内容是关于数学、物理学和天文学的无限大问题的。最近出版的讲义中记载了一个案例。希尔伯特在区别有限集合和无限集合时，解说如下：

"假设旅馆有无穷多个房间，编号分别为 1, 2, 3, 4, 5, ···，每个房间都住着一位客人。为了让新来的客人顺利入住，管理人员需要让已入住的客人搬到编号比当前大一个的房间。这样一来，新客人就能入住 1 号房间。当然，如果新来的客人数量是有限的，那么无论来几位新客人，都能按这种方法腾出房间。在拥有无穷多个房间和家庭的世界里，不可能存在流浪汉。"[①]

第6章 测量宇宙的形状

测量地球的大小

正文中讲到了埃拉托斯特尼，那顺便聊聊我测量地球大小的故事吧。

我上小学时，名古屋市内有栋 12 层建筑，叫作中日大厦，大厦楼顶开了一家旋转观景餐厅。转一圈大概需要 1 小时，用餐期间能 360 度欣赏风景。我在和家人聚餐时发现，因为地球是圆的，所以当餐厅

---

① *David Hilbert's Lectures on the Foundations of Arithmetics and Logic* 1917 -- 1933, eds. William Wwald and Wilfried Sieg,. Heidelberg: Springer-Verlag 2013.

转到某个点时，我们会看不见远方的风景。大概在那时，我回忆起了曾经在科普读物里读过一个故事：向地平线驶去的帆船，船体下方先消失在我们的视线里，然后渐渐地船体上方才消失不见。突然，我来了兴趣：从旋转餐厅朝外远眺，最远能看到哪儿呢？

　　也许，是在科普读物中读到的埃拉托斯特尼的故事给了我启发，我开始思考这个问题（以下内容经过小泽正直的指正，在我小学时期做的计算的基础上补充了两倍系数）。

　　如图 A-7 所示，假设地球中心为 a，旋转餐厅的位置为 c，从 c 看到的地平线位置为 b，那么 abc 构成一个直角三角形（b 是直角顶点）。

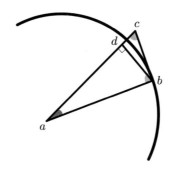

图 A-7　利用三角形的相似性测量地球大小

　　从三角形的顶点 b 出发画一条垂直于边 ac 的线段，其交点为 d。因为三角形 bcd 和三角形 abd 是相似三角形，所以三角形 bcd 的边 bd、cd 和三角形 abd 中对应的边 ad、bd 间存在以下比例关系：

$$\overline{bd}/\overline{cd} = \overline{ad}/\overline{bd}$$

在该等式两边同时乘以 $\overline{cd} \times \overline{bd}$，可得

$$\overline{bd}^2 = \overline{ad} \times \overline{cd}$$

再深入思考的话，当顶点 a 的角度较小时，cd 的长度大概是建筑物高度的两倍。ad 的长度基本上等于地球半径（虽然比地球半径短一些，不过只要建筑物高度小于地球半径，就可以忽略误差）。因此，上述公式可改为

$$(到地平线的距离)^2 = 2 \times (建筑物高度) \times (地球半径)$$

12 层的中日大厦略高于当时活跃在电视上的奥特曼，已知奥特曼的身高大概是 40 米，所以大厦的高度大概是 50 米。不过，地球半径未知。

我心里正想着"这样的话就算不出来了吧"，转头向窗外望去，正好看到爸爸的老家在地平线附近。于是，我向他询问了距离，答曰大概 20 千米。利用这条信息计算地球半径为

$$(地球半径) = \frac{(到地平线的距离)^2}{2 \times (建筑物高度)}$$
$$= \frac{20 \times 20}{2 \times 0.05} 千米 = 4000 千米$$

实际上，地球半径长达约 6400 千米，虽然计算结果稍微小了一些，不过也算是不错的尝试。

当然，虽说埃拉托斯特尼的故事给了我启发，但我颇为感动，毕竟仅凭小学的算术知识就能测量出地球的大小，这太了不起了。虽然只是在大厦楼顶看了一眼风景，但只要我们具备思考能力，那就连地球的大小都能去探索。

第7章 微分源于积分

A7-1 二次函数的积分

计算二次函数 $y = x^2$ 在区间 $x = 0$ 到 $x = a$ 上时的面积。在这种情况下，图形 C_n 为底边长 $\epsilon = a/n$，高为 ϵ^2，$(2\epsilon)^2$，$\cdots$ 的长方形集合，因此

$$(\text{图形 } C_n \text{ 的面积}) = \epsilon^2 \times \epsilon + \cdots + (n\epsilon)^2 \times \epsilon$$
$$= \left(1^2 + 2^2 + \cdots + n^2\right) \times \epsilon^3$$

阿基米德是这样计算 $(1^2 + 2^2 + \cdots + n^2)$ 的：

$$1^2 + 2^2 + \cdots + n^2 = \frac{1}{3}n^3 + \frac{1}{2}n^2 + \frac{1}{6}n$$

下面我们运用归纳法来验证上述公式是否成立。

[证明开始]

首先当 $n = 1$ 时，等式左边等于 1，等式右边的 $1/3 + 1/2 + 1/6$ 也等于 1，因此上述公式完全成立。

接着，假设上述公式在自然数 n 的情况下成立，那么将 n 替换为 $n + 1$，可得

$$1^2 + 2^2 + \cdots + n^2 + (n+1)^2 = \frac{1}{3}n^3 + \frac{1}{2}n^2 + \frac{1}{6}n + (n+1)^2$$
$$= \frac{1}{3}(n+1)^3 + \frac{1}{2}(n+1)^2 + \frac{1}{6}(n+1)$$

因此，上述公式也成立。根据归纳法，上述公式在任何自然数的情况下均成立。

[证明结束]

运用上述公式，可得

$$\text{(图形C}_n\text{的面积)} = \left(\frac{1}{3}n^3 + \frac{1}{2}n^2 + \frac{1}{6}n\right) \times \epsilon^3$$

$$= \left(\frac{1}{3}n^3 + \frac{1}{2}n^2 + \frac{1}{6}n\right) \times \left(\frac{a}{n}\right)^3$$

$$= \left(\frac{1}{3} + \frac{1}{2n} + \frac{1}{6n^2}\right) \times a^3$$

随着 n 的值不断变大，括号中 $1/n$ 和 $1/n^2$ 的值不断变小，直至可以忽略不计。因此，当 n 为无穷大时，面积等于 $a^3/3$。这是阿基米德推算的抛物线面积，用积分公式表示如下。

$$\int_0^a x^2 \mathrm{d}x = \frac{a^3}{3}$$

A7-2　指数函数微分的补充说明

接下来，证明第 7 章中"指数函数的微分与积分"部分计算指数函数微分时运用的公式：

$$\lim_{\epsilon \to 0} \frac{\mathrm{e}^\epsilon - 1}{\epsilon} = 1$$

在证明前，需要先弄清楚当 ϵ 的值较小时 e^ϵ 等于多少。这里用到了第 3 章中"让银行存款翻倍需要多少年"部分出现的自然对数的性质，即

$$\ln(1 + \epsilon) \approx \epsilon$$

上述公式只在 ϵ 的值较小时近似成立，因此式子两边用 $\approx$ 连接。根据对数函数的定义可得

$$\ln \mathrm{e}^\epsilon = \epsilon$$

对比上述两个公式，得到

$$\ln e^\epsilon \approx \ln(1 + \epsilon)$$

从上述公式中去掉对数符号，得到

$$e^\epsilon \approx 1 + \epsilon$$

换言之，随着 ϵ 的值不断变小，$(e^\epsilon - 1)$ 趋向于 ϵ。

$$\lim_{\epsilon \to 0} \frac{e^\epsilon - 1}{\epsilon} = 1$$

这就是我们要证明的公式。

A7-3　指数函数的直接积分

假设将区间 $a \leqslant x \leqslant n$ 分为 n 等份，且 $\epsilon = (b-a)/n$，那么根据积分的定义可得

$$\int_a^b e^x \mathrm{d}x = \lim_{\epsilon \to 0} \left(e^{a+\epsilon} + \cdots + e^{a+n\epsilon}\right) \times \epsilon$$
$$= \lim_{\epsilon \to 0} e^a \times \left(e^\epsilon + \cdots + e^{n\epsilon}\right) \times \epsilon$$

计算上述公式时需运用等比级数之和的公式，即

$$e^\epsilon + e^{2\epsilon} + \cdots + e^{n\epsilon} = \frac{e^{(n+1)\epsilon} - e^\epsilon}{e^\epsilon - 1}$$

回忆一下，$n\epsilon = b - a$，那么

$$\int_a^b e^x \mathrm{d}x = \lim_{\epsilon \to 0} e^a \times \frac{e^{b-a+\epsilon} - e^\epsilon}{e^\epsilon - 1} \times \epsilon$$
$$= \lim_{\epsilon \to 0} (e^{b+\epsilon} - e^{a+\epsilon}) \times \frac{\epsilon}{e^\epsilon - 1}$$

对于等式右边，利用计算指数函数的微分时的公式

$$\lim_{\epsilon \to 0} \frac{e^\epsilon - 1}{\epsilon} = 1$$

以及 $\epsilon \to 0$ 时 $e^{a+\epsilon} \to e^a$、$e^{b+\epsilon} \to e^b$，可得

$$\int_a^b e^x \mathrm{d}x = e^b - e^a$$

于是，指数函数的积分公式再次得到验证。

对比指数函数的微分和积分，微分只需运用公式

$$\lim_{\epsilon \to 0} \frac{e^\epsilon - 1}{\epsilon} = 1$$

即可计算，积分则多了一道等比级数之和的计算。计算三角函数时，微分和积分之间的难易差距就拉得更大了。

A7-4　三角函数的微分和积分

首先来复习一下有关三角函数的知识。三角函数表示为 $\sin\theta$、$\cos\theta$ 或 $\tan\theta$ 时，θ 是指用"弧度"单位测量的角度。此时，圆周的角度不是 $360°$，而是以 2π 为单位。在弧度概念中，直角等于 $\pi/2$。另外，假设一个圆的半径等于 1，其周长等于 2π，因此用 theta 弧度分割圆时，其圆弧长正好等于 theta。

在定义三角函数时，假设有顶点分别为 a、b、c 的直角三角形（图 A-8），顶点 a 的角度为 θ，顶点 b 的角为直角。

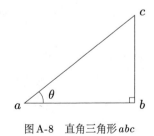

图 A-8　直角三角形 abc

在这种情况下，

☆ $\sin\theta$ 是高 $\overline{bc}$ 与斜边长 $\overline{ac}$ 的比，即

$$\sin\theta = \frac{\overline{bc}}{\overline{ac}}$$

☆ $\cos\theta$ 是底边与斜边的比，即

$$\cos\theta = \frac{\overline{ab}}{\overline{ac}}$$

☆ $\tan\theta$ 是高与底边的比，即

$$\tan\theta = \frac{\overline{bc}}{\overline{ab}}$$

另外，思考 $\sin\theta$ 与 $\cos\theta$ 的比可知，斜边刚好相互抵消，剩下高与底边的比，即 $\tan\theta$，因此

$$\frac{\sin\theta}{\cos\theta} = \tan\theta$$

在学习三角函数时，对于为何用 θ 测量角度，你是否思考过呢？直到学习了微积分，我们才终于明白用 θ 测量角度的好处。三角函数的微分和积分常用以下公式：

$$\lim_{\theta \to 0} \frac{\sin\theta}{\theta} = 1$$

假设运用三角函数来定义旋转一周的角度，即360度，那么等式右边不是等于1，而是等于 $2\pi/360 = \pi/180$。不过，在微积分的公式中一旦出现 π 或180等，公式就会变得乱七八糟。用 θ 测量角度，是为了让微积分的计算更容易处理。

下面来证明上述公式是三角函数微积分的基本公式。证明过程需再次用到"夹逼定理"。

[证明开始]

如图 A-9 所示，先画一个半径为 1 的圆，截取角度 θ，得到的扇形面积是整个圆面积的 $\theta/2\pi$。因为半径为 1 的圆的面积等于 π，所以扇形面积等于 $\theta/2$。

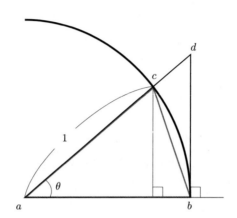

图A-9　在半径为1的圆内截取扇形

接着，看图 A-9 中的三角形 abc。三角形 abc 的斜边等于 1，因此高等于 $\sin\theta$。而且，其底边等于 1，因此三角形 abc 的面积等于 $\sin\theta/2$。因为这个三角形位于从整个圆中截取的扇形里，所以三角形 abc 和扇形的面积之比为

$$\frac{\sin\theta}{2} < \frac{\theta}{2}$$

即，

$$\frac{\sin\theta}{\theta} < 1$$

而三角形 abd 的底边等于 1，高等于 $\tan\theta$，因此其面积等于 $\tan\theta/2$。这个三角形内部包含了面积为 $\theta/2$ 的扇形，所以

$$\frac{\theta}{2} < \frac{\tan \theta}{2}$$

代入 $\tan \theta = \sin \theta / \cos \theta$，可得

$$\cos \theta < \frac{\sin \theta}{\theta}$$

将上述两项不等式组合在一起后，可得到 $\sin \theta / \theta$ 的夹逼定理。

$$\cos \theta < \frac{\sin \theta}{\theta} < 1$$

$\cos \theta$ 是直角三角形底边与斜边的比，所以随着斜边的角度 θ 不断变小，斜边和底边的长度将趋向相等，$\cos \theta \to 1$。即，在 $\theta \to 1$ 的极限下，$\sin \theta / \theta$ 还会同时被左右两边的 1 夹逼，因此以下公式成立。

$$\lim_{\theta \to 0} \frac{\sin \theta}{\theta} = 1$$

[证明结束]

当 ϵ 的值较小时，上述公式也能表示为

$$\sin \epsilon \approx \epsilon$$

准备就绪，那么接下来计算三角函数的微分。

根据微分的定义可得

$$\begin{aligned}
\frac{\mathrm{d}}{\mathrm{d}\theta} \sin \theta &= \lim_{\theta' \to \theta} \frac{\sin \theta' - \sin \theta}{\theta' - \theta} \\
&= \lim_{\epsilon \to 0} \frac{\sin(\theta + \epsilon) - \sin \theta}{\epsilon}
\end{aligned}$$

这里需要用到三角函数的加法定理。第 8 章在解释复数时已经详细介绍了三角函数的加法定理，所以这里不再深入介绍，只涉及运用。

$$\sin(\theta_1 + \theta_2) = \cos\theta_1 \times \sin\theta_2 + \sin\theta_1 \times \cos\theta_2$$

上述公式是用等式右边，即 x 和 y 的三角函数积的和表示等式左边，即 $(x + y)$ 的三角函数。

运用上述加法定理，可得

$$\sin(\theta + \epsilon) - \sin\theta = \cos\theta \times \sin\epsilon + \sin\epsilon\theta \times (\cos\epsilon - 1)$$

等式右边的第一项包含 $\sin\epsilon$，根据前面证明所示，它可以近似等于 ϵ。另外，等式右边的第二项中的 $(\cos\epsilon - 1)$ 可以近似等于 $-\frac{1}{2}\epsilon^2$。这些只要运用勾股定理 $(\sin\epsilon)^2 + (\cos\epsilon)^2 = 1$ 和 $\sin\epsilon \approx \epsilon$ 即可证明。

[证明开始]

$(\sin\epsilon)^2 + (\cos\epsilon)^2 = 1$，将 $(\cos\epsilon)^2$ 移至等式右边后，再进行因数分解，可得

$$(\sin\epsilon)^2 = 1 - (\cos\epsilon)^2 = (1 + \cos\epsilon) \times (1 - \cos\epsilon)$$

当 ϵ 的值较小时，$\cos\epsilon$ 几乎等于 1，因此 $1 + \cos\epsilon \approx 2$。那么，等式右边记作

$$(1 + \cos\epsilon) \times (1 - \cos\epsilon) \approx 2(1 - \cos\epsilon)$$

这与等式左边的 $(\sin\epsilon)^2 \approx \epsilon^2$ 相等，因此

$$\epsilon^2 \approx 2(1 - \cos\epsilon)$$

即

$$\cos\epsilon - 1 \approx -\frac{1}{2}\epsilon^2$$

[证明结束]

因此，

$$\sin(\theta + \epsilon) - \sin x \approx \cos \theta \times \epsilon - \frac{1}{2} \sin \theta \times \epsilon^2$$

用上述公式除以ϵ，等式右边第二项等于$-\frac{1}{2} \sin \theta \times \epsilon$，因此在$\epsilon \to 0$的极限下等于$0$。只有第一项不等于$0$。换言之，

$$\begin{aligned}
\frac{\mathrm{d}}{\mathrm{d}\theta} \sin x &= \lim_{\epsilon \to 0} \frac{\sin(\theta + \epsilon) - \sin \theta}{\epsilon} \\
&= \lim_{\epsilon \to 0} \left(\cos \theta - \frac{1}{2} \sin \theta \times \epsilon \right) \\
&= \cos x
\end{aligned}$$

$\sin \theta$的微分等于$\cos \theta$。同理，运用$\cos$的加法定理

$$\cos(\theta + \epsilon) = \cos \epsilon \times \cos \theta - \sin \epsilon \times \sin \theta$$

可得

$$\begin{aligned}
\frac{\mathrm{d}}{\mathrm{d}\theta} \cos x &= \lim_{\epsilon \to 0} \frac{\cos(\theta + \epsilon) - \cos \theta}{\epsilon} \\
&= -\sin \theta
\end{aligned}$$

因为我们已掌握了微分的知识，所以也可以运用"微积分基本定理"进行积分。例如，

$$\begin{aligned}
\int_a^b \sin \theta \ \mathrm{d}\theta &= \int_a^b \left(-\frac{\mathrm{d}}{\mathrm{d}\theta} \cos \theta \right) \mathrm{d}\theta \\
&= -\cos b + \cos a
\end{aligned}$$

这里是将三角函数的积分回归到定义后再进行计算，这种方法并不简单。如果想根据定义计算积分，在幂函数的情况下需要运用公式

$$1^k + 2^k + \cdots + n^k = \frac{n^{k+1}}{k+1} + \frac{n^k}{2} + \cdots$$

在指数函数的情况下需要运用公式

$$e^\epsilon + e^{2\epsilon} + \cdots + e^{n\epsilon} = \frac{e^{(n+1)\epsilon} - e^\epsilon}{e^\epsilon - 1}$$

如果在三角函数中计算相同的内容，必须计算

$$\sin(\theta + \epsilon) + \cdots + \sin(\theta + n\epsilon)$$

如果运用第8章中提到的欧拉公式，则可立即解决上述问题。否则，只能多次运用三角函数的加法定理进行计算，这非常麻烦。

第8章　真实存在的"假想的数"

推导欧拉公式的补充说明

在推导欧拉公式

$$\cos\theta + i\sin\theta = e^{i\theta}$$

时，我们在棣莫弗定理

$$\cos\theta + i\sin\theta = (\cos(\theta/n) + i\sin(\theta/n))^n$$

中运用了当 $n \to \infty$ 时的如下情况：

$$\cos(\theta/n) \approx 1, \quad \sin(\theta/n) \approx \theta/n$$

关于上述近似公式（随着 n 的值不断增大，任何值都能成立）的推导过程，正文中已经解释过了。另外，在前面"三角函数的微分和积分"的解说

中也补充说明过，接下来再简单介绍一遍。

　　首先，$\cos\epsilon$ 是指，当直角三角形斜边与底边的角度为 ϵ 时，其底边与斜边的长度之比。当角度趋近于 0 时，斜边与底边会趋近重叠，因此当 ϵ 的值较小时，$\cos\epsilon \approx 1$。

　　于是，此时只需证明 $\sin\epsilon \approx \epsilon$，再假设 $\theta/n = \epsilon$，就能推导出上述公式。证明过程需要运用第 7 章中的"夹逼定理"。

　　如图 A-10 所示，先画一个半径为 1 的圆，截取角度 ϵ，得到的扇形面积是整个圆面积的 $\epsilon/2\pi$。因为半径为 1 的圆的面积等于 π，所以扇形面积等于 $\epsilon/2$。

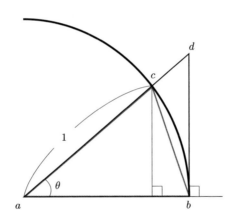

图 A-10　在半径为 1 的圆内截取扇形（同图 A-9 ）

　　接着，对比扇形面积和三角形 abc 的面积。三角形 abc 的斜边等于 1，因此高等于 $\sin\epsilon$。而且，其底边等于 1，因此三角形 abc 的面积等于 $\sin\epsilon/2$。因为这个三角形位于从整个圆中截取的扇形里，所以三角形 abc 和扇形的面积之比为

$$\frac{\sin\epsilon}{2} < \frac{\epsilon}{2}$$

即，

$$\frac{\sin \epsilon}{\epsilon} < 1$$

而三角形 abd 的底边等于 1，高等于 $\tan \epsilon$，因此其面积等于 $\tan \epsilon/2$。这个三角形内部包含了面积为 $\epsilon/2$ 的扇形，所以

$$\frac{\epsilon}{2} < \frac{\tan \epsilon}{2}$$

代入 $\tan \epsilon = \sin \epsilon/\cos \epsilon$，可得

$$\cos \epsilon < \frac{\sin \epsilon}{\epsilon}$$

将上述两项不等式组合在一起后，可得到 $\sin \epsilon/\epsilon$ 的夹逼定理。

$$\cos \epsilon < \frac{\sin \epsilon}{\epsilon} < 1$$

如前所述，当 ϵ 的值较小时，$\cos \epsilon \approx 1$。在 $\epsilon \to 0$ 的极限下，$\sin \epsilon/\epsilon$ 同时被左右两边的 1 夹逼，因此

$$\lim_{\epsilon \to 0} \frac{\sin \epsilon}{\epsilon} = 1$$

即，当 ϵ 的值较小时，$\sin \epsilon \approx \epsilon$。

第9章　测量"难"与"美"

正二十面体群不可解的理由

之所以一般的五次方程没有幂根解，是因为正二十面体群不可解。这是为什么呢？下面来解释个中缘由。

首先必须精确定义"不可解"这个词，这就需要引入"正规子群"的概念。

设有一个群 G，H 是其子集，当 H 本身也是一个群时，则 H 叫作 G 的子群。假设子群 H 的元素为 $H = \{h_1, h_2, \cdots\}$，那么在其中加入群 G 的任意元素 g 后，组成集合 $\{gh_1g^{-1}, gh_2g^{-1}, \cdots\}$，记作 gHg^{-1}。如果 H 是群 G 的子群，那么 gHg^{-1} 也是子群（请自行思考理由）。因此，将子群之间的变换元素 $g: H \to gHg^{-1}$ 看作 $g \in G$ 对 H 的作用。

对于群 G 的任意元素 g，$gHg^{-1} = H$，这样的子群 H 称为正规子群。也可以说，在 G 的作用下，正规子群具有不变性。

例如，在三次对称群 S_3 中，$\{1, \Omega, \Omega^2\}$ 是其正规子群。我们引入 Λ 对此加以验证。思考 $\Lambda\{1, \Omega, \Omega^2\}\Lambda^{-1}$，因为

$$\Lambda\Omega\Lambda^{-1} = \Omega^2\Lambda\Lambda^{-1} = \Omega^2$$
$$\Lambda\Omega^2\Lambda^{-1} = \Omega\Lambda\Lambda^{-1} = \Omega$$

所以又回归到 $\{1, \Omega, \Omega^2\}$。而且，$\Omega\{1, \Omega, \Omega^2\}\Omega^{-1} = \{1, \Omega, \Omega^2\}$ 当然成立。S_3 的所有元素均可用 Ω 和 Λ 的组合表示，因此对于任何元素 g，

$$g\{1, \Omega, \Omega^2\}g^{-1} = \{1, \Omega, \Omega^2\}$$

即，$\{1, \Omega, \Omega^2\}$ 是正规子群。S_3 中包含不可换的元素（例如 $\Omega\Lambda \neq \Lambda\Omega$），不过正规子群的所有元素均可交换。所有元素之间能够相互交换的群是可换的。一般的三次方程之所以有幂根解，是因为三次对称群具有可换的正规子群 $\{1, \Omega, \Omega^2\}$。

当然，对于任何群 G，G 本身都是正规子群。仅由单位元素构成的群 $\{1\}$ 也是正规子群。因此，除这两个正规子群，即群本身和 $\{1\}$ 以外，不包含其他正规子群的群叫作单群。根据伽罗瓦理论，正二十面体群"不可解"意味着它是"单群"。为什么正二十面体群是单群呢？

在思考五次方程的对称群 S_5 前，先查看一般的 n 次方程对称群 S_n 的性质。

S_n 是 n 个项，例如 n 次方程的 n 个根 $\{\zeta_1, \zeta_2, \cdots, \zeta_n\}$ 的置换群。考虑到其任意元素 $g \in S_n$，将 ζ_1 替换成 $g(\zeta_1)$，ζ_2 替换成 $g(\zeta_2)$。那么在重复该过程时，ζ_1 最终等于什么呢？ ζ_1 变成 $g(\zeta_1)$，$g(\zeta_1)$ 变成 $g(g(\zeta_1))$。由于总共只有 n 个根，因此最后总会回归到最初的 ζ_1。g 一直在集合的所有根之间循环，因为一直循环，所以叫作循环置换。例如有一个长为 m 的循环

$$a_1 \to a_2 \to \cdots \to a_m \to a_1$$

那么可将该循环置换表示为 $(a_1, a_2, \cdots, a_m)$。在上述表示法中，虽然

$$(a_1, a_2, a_3, \cdots, a_m) = (a_2, a_3, \cdots, a_m, a_1)$$

但是还需注意一些情况，例如

$$(a_1, a_2, a_3, \cdots, a_m) \neq (a_2, a_1, a_3, \cdots, a_m)$$

接着，选择不包含在该循环内的根，加上 g 的作用，构成另一个循环。那么，如果重复该过程，则 g 可以用循环置换的乘积来表示。换言之，对称群的所有元素都可以表示为循环置换的乘积。

长度等于 2 的置换称为对换，记作 (a, b)。对称群的所有元素可以表示为对换的乘积。例如有一个循环 $(a_1, a_2, \cdots, a_m)$，它的循环置换可以分解成对换的乘积，

$$(a_1, a_2, \cdots, a_m) = (a_1, a_2) \times (a_1, a_3) \times \cdots \times (a_1, a_m)$$

因为对称群的元素可以表示为循环置换的乘积，所以是对换的乘积。

将对称群的元素表示成对换的乘积，其方法不止一种。例如，当

$\zeta_1, \zeta_2, \zeta_3, \zeta_4$ 为不同根时,

$$(\zeta_1, \zeta_2) = (\zeta_3, \zeta_4) \times (\zeta_1, \zeta_2) \times (\zeta_3, \zeta_4)$$

不过,在将 S_n 的元素 g 分解成对换的乘积时,对换是奇数个还是偶数个取决于 g。比如在上述例子中,等式左边是 1 个对换,等式右边是 3 个对换,两边均为奇数。当对换的乘积是奇数个元素时,叫作奇置换,是偶数个元素时,则叫作偶置换。

对称群 S_n 中的所有偶置换构成一个子群,因为偶置换和偶置换的乘积是偶置换。这叫作交错群,记作 A_n(A 是 Alternating 的首字母)。另外,奇置换乘以偶置换,得到的是奇置换。例如,(ζ_1, ζ_2) 就属于奇置换。因此,在 S_n 中,偶置换包含在 A_n 中,奇置换包含在 $(\zeta_1, \zeta_2) \times A_n$ 中。即,

$$S_n = A_n \cup [(\zeta_1, \zeta_2) \times A_n]$$

而且,A_n 是 S_n 的正规子群。证明时,对于 S_n 的任何元素 g,只要证明 $gA_ng^{-1} = A_n$ 即可。g 可以表示为对换的乘积,如果是偶数个对换的乘积(偶置换),那么 A_n 是偶置换的集合,$gA_ng^{-1} = A_n$ 当然成立。当 g 是奇置换时,可以记作 $g = (\zeta_1, \zeta_2) \times ($ 偶置换 $)$,所以最终只需证明 $(\zeta_1, \zeta_2)A_n(\zeta_1, \zeta_2)^{-1} = A_n$ 即可。对换 (ζ_1, ζ_2) 在循环两次后会恢复原样,如果注意到 $(\zeta_1, \zeta_2)^{-1} = (\zeta_1, \zeta_2)$,那么也可记作 $(\zeta_1, \zeta_2)A_n(\zeta_1, \zeta_2)^{-1} = A_n$。$A_n$ 的元素 g 可以表示为偶数个对换的乘积,所以 $(\zeta_1, \zeta_2) \times g \times (\zeta_1, \zeta_2)$ 也是偶数个对换的乘积,上述等式成立。于是,这也证明了 A_n 是正规子群。例如在三次对称群 S_3 中,$A_3 = \{1, \Omega, \Omega^2\}$ 的确是其正规子群。

交错群 A_n 由偶置换构成,因此我们来思考偶置换的性质。对换的乘积 $(a, b) \times (c, d)$ 存在以下三种情况。

(1) 如果 $(a, b) = (c, d)$，那么 $(a, b) \times (a, b) = 1$。

(2) 如果 (a, b) 和 (c, d) 只存在一个相同项，那么 $(a, b) \times (a, c) = (a, b, c)$ 是一个有 3 个根的循环置换。

(3) 如果 (a, b) 和 (c, d) 不存在任何相同项，那么

$$(a, b) \times (c, d) = (a, b) \times (b, c) \times (b, c) \times (c, d) = (a, b, c) \times (b, c, d)$$

是一个有 3 个根的循环置换的乘积。

换言之，两个置换的乘积要么等于 1，要么等于 3 个根的循环置换，要么等于 3 个根的循环置换的乘积。因此，只需用 3 个根的循环置换即可表示偶置换构成的交错群。实际上，当 $n = 3$ 时，在 $A_3 = \{1, \Omega, \Omega^2\}$ 中，仅用 $\Omega = (\zeta_1, \zeta_2, \zeta_3)$ 表示。

交错群 A_3 具有另一个重要的性质，即"$(n-2)$ 重传递性"。首先来定义传递性。对称群 S_n 包含了 n 个根 $\{\zeta_1, \zeta_2, \cdots, \zeta_n\}$，因此无论选择其中哪一个根 ζ_i，都存在置换 $g \in S_n$，可以将其替换成其他根 ζ_j。例如，这里设 $g = (\zeta_i, \zeta_j)$ 即可。在这种情况下，S_n 对 $\{\zeta_1, \zeta_2, \cdots, \zeta_n\}$ 有"传递作用"。

k 重传递性是以上例子普遍化的产物，指的是可以将 k 个不同的元素 $\zeta_{i1}, \zeta_{i2}, \cdots, \zeta_{ik}$ "依次"传递至任意的 k 个不同元素 $\zeta_{j1}, \zeta_{j2}, \cdots, \zeta_{jk}$。即，可以一次性实现传递，如 $\zeta_{i1} \to \zeta_{j1}; \zeta_{i2} \to \zeta_{j2}; \cdots; \zeta_{ik} \to \zeta_{jk}$。

交错群 A_n 不具有 n 重传递性。例如交换 (ζ_1, ζ_2) 可以将 $\zeta_1, \zeta_2, \zeta_3, \cdots, \zeta_n$ 依次传递至 $\zeta_2, \zeta_1, \zeta_3, \cdots, \zeta_n$，但是 (ζ_1, ζ_2) 是奇置换，因此它不包含在 A_n 中。而且，它也不具有 $(n-1)$ 重传递性。交换 (ζ_1, ζ_2) 可以将 $\zeta_2, \zeta_3, \cdots, \zeta_n$ 依次传递至 $\zeta_2, \zeta_3, \cdots, \zeta_n$，但是不包含在 A_n 中。

不过，交错群 A_n 具有 $(n-2)$ 重传递性。例如 $\zeta_3, \zeta_4, \cdots, \zeta_n$ 中不包含 ζ_1 和 ζ_2，因此其转移对象可以考虑 $(n-2)$ 个组合，即